浙江省"十一五"重点教材建设项目

U0376436

全国高等院校设计专业精品教材

产品设计视觉表现

周 艳 徐时程 编著

中国建筑工业出版社

图书在版编目（CIP）数据

产品设计视觉表现 / 周艳，徐时程编著. —北京：
中国建筑工业出版社，2012.4
全国高等院校设计专业精品教材
ISBN 978-7-112-14059-6

Ⅰ.①产… Ⅱ.①周… ②徐… Ⅲ.①产品设计：视觉
设计 Ⅳ.①TB472

中国版本图书馆CIP数据核字（2012）第026876号

本书讲授如何使用CorelDRAW和Photoshop两个软件快速进行产品设计中的视觉表现，第1章主要说明两个软件的特点和实际流程；第2章到第4章，主要在讲解基本软件操作的基础上，通过实际案例的步骤分解，将如何对产品设计从基本形的勾勒到丰富质感的表现进行渐进式的教学；第5章通过完整步骤的lotus汽车视觉表现实例，讲解如何合理和灵活运用两个平面软件来实现立体产品形的视觉表现。

本书作为浙江省重点教材，适合作为广大高等院校工业设计、艺术设计等专业的教学或参考用书，同样也适用于广大CorelDRAW和Photoshop软件视觉表现爱好者。

责任编辑：陈小力　李晓陶
责任设计：董建平
责任校对：党　蕾　赵　颖

全国高等院校设计专业精品教材
产品设计视觉表现
周　艳　徐时程　编著
＊
中国建筑工业出版社出版、发行（北京西郊百万庄）
各地新华书店、建筑书店经销
北京三月天地科技有限公司制版
北京中科印刷有限公司印刷
＊
开本：787×1092毫米　1/16　印张：8　字数：200千字
2012年5月第一版　2012年5月第一次印刷
定价：**45.00元**
ISBN 978-7-112-14059-6
　　　　（22107）

目　录

第1章 产品设计视觉表达形式

本书中讲解的产品设计视觉表达形式，是通过两个二维表现软件CorelDRAW 和Photoshop来实现的，虽然立体的产品如果采用三维建模并渲染的方式，能更逼真地展现产品的实际效果，但由于三维软件建模型与材质灯光等设置等过程都相对二维软件要消耗更多的时间与精力，在给客户展示初步的创意设计方案的阶段，可以通过二维软件的产品创意设计表现来进行，方便修改，也能很好地表现产品的几个正视图。

之所以需要两个二维软件CorelDRAW和Photoshop，主要是因为两个软件分别表现的是矢量图形和位图图像，掌握两个软件的优势表达能力，在表现产品的过程中就可以根据实际需要选择使用其一或者两者结合使用，达到最理想的效果。

1.1 CorelDRAW的特点及优势

1.1.1 矢量图形的特点

矢量图也称为面向对象的图像或绘图图像，在数学上定义为一系列由线连接的点。矢量图根据几何特性来绘制图形，可以是一个点或一条线，只能靠软件生成，文件占用内在空间较小。

矢量文件中的图形元素称为对象。每个对象都是一个自成一体的实体，它具有颜色、形状、轮廓、大小和屏幕位置等属性。因为这种类型的文件包含独立的分离图形，可以自由移动和改变它的属性，而不会影响其他对象。例如一片叶子的矢量图形实际上是由线段形成外框轮廓，由外框的颜色以及外框所封闭的颜色决定叶子显示出的颜色。与位图相比最大的优点是可以任意放大或缩小图形而不会影响图形的清晰度（图1-1），可以按最高分辨率显示到输出设备上。

Corel公司的CorelDRAW以及Adobe公司的Illustrator等是被广泛使用的优秀的矢量图形设计软件。

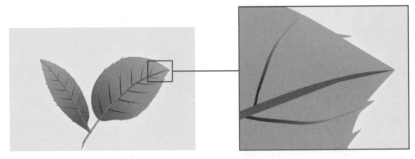

图1-1

1.1.2　CorelDRAW软件的基本界面

　　CorelDRAW软件的基本界面如图1-2所示，全面了解软件界面中的各个部分有助于在后面的案例学习中快速地找到需要的工具。

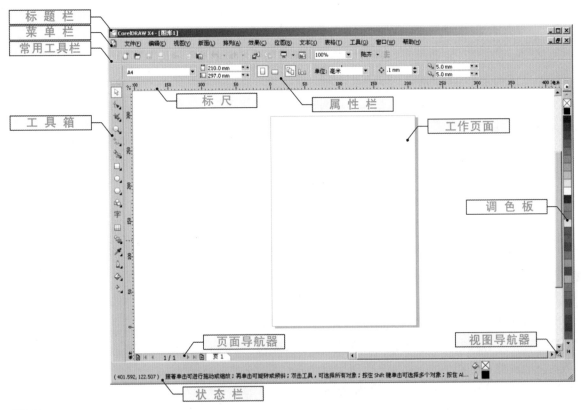

图1-2

　　在软件界面中点击最多的就是左侧的工具箱，在图1-3中列出了所有工具的名称，以及展开后的其他可选的工具。

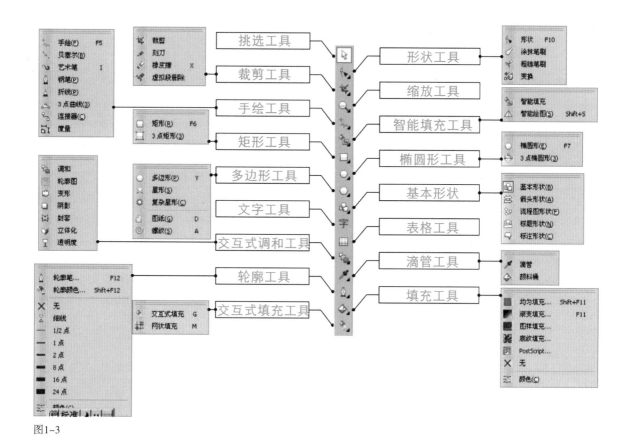

图1-3

1.2　Photoshop的特点及优势

1.2.1　位图图像的特点

位图（Bitmap），又称光栅图（Raster graphics），是使用像素（Pixel）阵列来表示的图像，每个像素都具有特定的位置和颜色值。像素是位图最小的信息单元，存储在图像栅格中。位图图像质量是由单位长度内像素的多少来决定的。单位长度内像素越多，分辨率越高，图像的效果越好。无论多么精美的图片，放大后都可以看到锯齿状的边线以及一个个像素栅格（图1-4）。

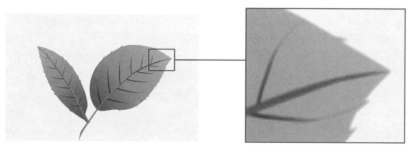

图1-4

Photoshop就是Adobe公司的一款专业编辑和设计图像处理软件，是广泛应用于设计领域的设计与绘图工具。

在Photoshop开始工作前，就需要了解图像的分辨率和不同设备分辨率之间的关系。位图编辑时，输出图像的质量决定于文件建立开始设置的分辨率高低。分辨率是指一个图像文件中包含的细节和信息的大小，以及输入、输出或显示设备能够产生的细节程度。操作位图时，分辨率既会影响最后输出的质量，也会影响文件的大小，分辨率的高低与文件的大小成正比。同样大小尺寸的文件，根据输出需求的不同，需要设置不同的分辨率（图1-5），显然矢量图就不必考虑这么多。

输出需求	分辨率（像素/英寸）
屏幕显示	72dpi-96dpi
彩色打印	150dpi-200dpi
四色印刷	300dpi-350dpi

图1-5

1.2.2　Photoshop软件的基本界面

Photoshop软件的基本界面如图1-6所示，全面了解软件界面中的各个部分有助于在后面的案例学习中快速地找到需要的工具。

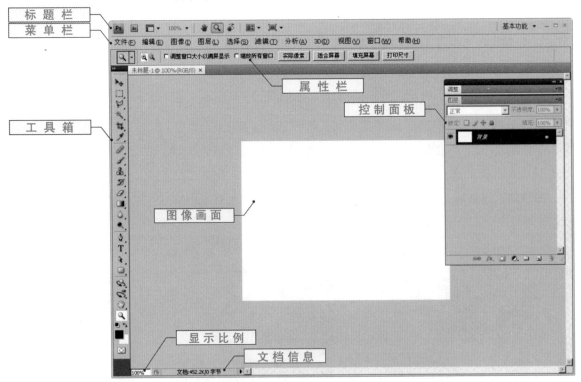

图1-6

在软件界面中点击最多的就是左侧的工具箱，在图1-7中列出了所有工具的名称，以及展开后的其他可选的工具。

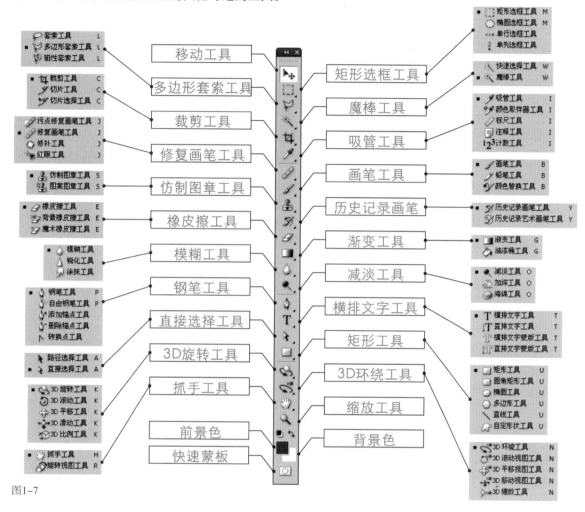

图1-7

1.3 产品设计创意表达的基本流程

1.3.1 创意表达的基本流程

忽略产品前期的调研与结构设计等环节，仅仅从产品外观设计方案的确立开始，产品设计创意表达在计算机上完成的基本流程可以大概分为四个阶段（图1-8）：

步骤1：从手绘草图到计算机软件完成勾勒产品基本轮廓的过程。这一过程主要掌握如何将产品的外观轮廓用规范的线形表现出来，无论是外部的还是内部细节的，都需要根据实际的图形选择不同的工具予以表达。产品的形态多种多样，但常用的软件工具基本是一样的，所以只要能有举一反三的灵活变通的能力，就能够用计算机这一机械的工具将头脑中出现的一个个美好的产品创意用视觉的方式表现出来。

步骤2：对基本轮廓的各产品部件填充合适的产品色彩，完成上色的过程。产品的轮廓线形清晰地勾勒出产品的部件以及外观结构，但在展示产品创意的时候，少不了表达出合理的产品各部件的色彩以及表面各种色彩的变化，无论是在CorelDRAW还是Photoshop软件中，单色填充和渐变填充的灵活运用和编辑将有效地帮助将产品的各个部分快速地从线到面的转换。

步骤3：通过对各部件的进一步编辑，表现不同的材质和产品受光后的效果。产品效果的好坏体现在对产品表现的材质质感的表达以及光影效果的处理方面，对比、均衡、变化与统一等形式法则将在这个步骤中影响和控制具体的操作，在合理的基础上追求突出的视觉效果，真实地反映出产品外观的不同材质。

步骤4：将产品放置在合适的场景中表现产品实物的真实存在效果。产品的效果刻画完成后，将产品放置在真实场景或者仅仅是静静地放置在桌面上，都有助于让客户或设计师对其进行审视和修改，背景可以烘托产品主体，但不可喧宾夺主和画蛇添足，所以这个步骤可以根据需要或简或繁表达。

在实际的操作过程中，不能保证每一个步骤都能一次性达到理想的结果，所以此流程中可以反复修改与编辑。本书从第2章开始到第5章分别讲解这四个步骤的基本操作方法和案例，当掌握了基本方法后，只要在处理和解决具体问题的时候能灵活思考、举一反三，无论多复杂的产品，都可以采用最基本的方法去表达。

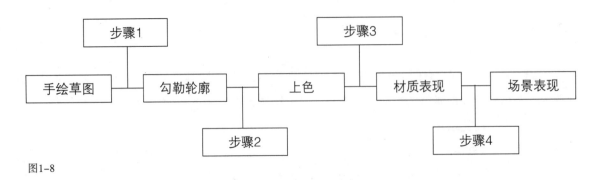

图1-8

1.3.2 软件间的优势互补

在本书中将介绍使用CorelDRAW和Photoshop两个软件来进行产品创意的表达，正是由于两个软件都有其优劣之处，相互补充，才能充分发挥各自的优势，完成理想的产品创意和最佳表达。

首先了解CorelDRAW和Photoshop两个软件的优缺点。

CorelDRAW软件的优点：

（1）一般情况下，文件占用空间较小；

（2）图形元素编辑灵活；

（3）图形放大或缩小不会失真，和分辨率无关。

CorelDRAW软件的缺点：

（1）难以表现色彩层次丰富的逼真图像效果；

（2）大量使用矢量形状会加大机器的运算负荷，甚至会降低程序的整体性能。

Photoshop软件的优点：

（1）表现色彩层次丰富的逼真图像效果；

（2）各种滤镜效果等工具能表现不同的材质表面。

Photoshop软件的缺点：

（1）文件建立初始就需要设置分辨率的大小，图片只能从好质量向低质量转换，反之则不可；

（2）放大位图时会出现失真或马赛克效果。

在深入了解了CorelDRAW和Photoshop两个表现产品设计创意软件的优缺点之后，后面的学习和练习过程中就要同时学会发挥软件间的优势，完成产品的视觉表达，结合前面提到的表现中的四个步骤，可以参考以下建议实现优势互补：

（1）发挥CorelDRAW文件小、图形编辑操作简便的优点，一般情况下，步骤1中主要完成的是对于产品外观轮廓形的勾勒、产品LOGO的绘制等操作，主要在CorelDRAW软件中完成；

（2）步骤2上色以及步骤3的材质表现的操作过程，可根据实际情况，如产品本身的色彩变化不是十分丰富，可以直接在CorelDRAW中完成；如追求细腻的色彩变化和材质的表达，就可以发挥Photoshop能很好地表现色彩层次丰富的逼真图像效果的优势，将CorelDRAW中的矢量文件转换为位图后进入Photoshop软件中完成；

（3）给产品添加合理的背景衬托在两个软件中都可以实现，可考虑进入步骤4阶段时文件的状态而定，如前期均在CorelDRAW中完成，可考虑继续在CorelDRAW中添加背景，如有特殊需要，可将产品与背景图片合成修改和调整后导入Photoshop。

第2章 从手绘草图到产品二维"建模"

产品二维"建模"的过程，就是产品设计过程中，将手绘的创意产品通过计算机实现精确表现的过程。本章节将从两个二维设计软件的基本操作的知识点入手，然后通过两个实例，分别讲解如何在两个软件中实现理想的产品线形的刻画。

2.1 CorelDRAW中的基本知识点

2.1.1 绘制基本的几何图形

在CorelDRAW软件中，常用的绘制几何图形的工具为矩形工具 □ 、椭圆形工具 ◎ 和多边形工具 ◎ ，仔细观察复杂的产品正视角的视图，经常可以发现许多产品部件都是由基本的几何图形构成的，或者是在基本几何图形的基础上创造的新造型。下面就分别讲解如何在CorelDRAW软件中绘制各基本几何图形。

知识点1：矩形工具 □ 的使用

绘制长方形（图2-1）：

单击工具箱中的矩形工具，在工作页面中拖拉产生长方形。

绘制正方形（图2-2）：

在绘制长方形的同时，按下Ctrl键，绘制出正方形，同时按下Ctrl键和Shift键，绘制出以鼠标落点为中心的正方形。

绘制带圆角的矩形：

单击工具箱中的挑选工具，选择需要添加圆角的正方形，在属性栏中修改矩形的边角圆滑度，右侧的锁定按钮可实现四个圆角的同时控制（如图2-3），结果如图2-4所示；也可打开锁定，实现四角的单独圆滑度编辑（如图2-5），结果如图2-6所示。

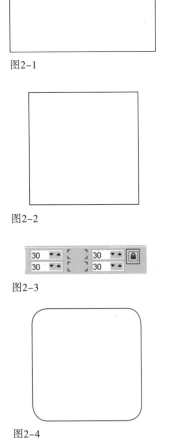

图2-1

图2-2

图2-3

图2-4

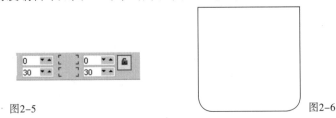

图2-5

图2-6

绘制具体尺寸的矩形：

单击工具箱中的挑选工具，选择矩形，在属性栏中修改矩形的尺寸（图2-7），右侧的锁定按钮可实现等比例的缩放，结果如图2-8所示；也可打开锁定，实现长与宽的分别编辑修改，完成后按下回车键确认即可。

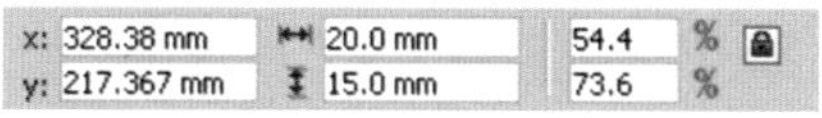

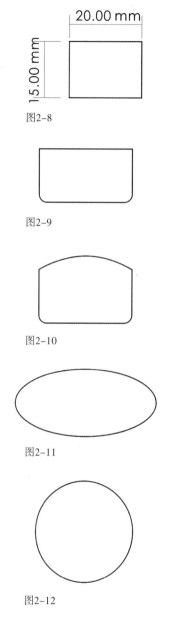

图2-8

图2-9

| x: 328.38 mm | ↔ 20.0 mm | 54.4 % 🔒 |
| y: 217.367 mm | ↕ 15.0 mm | 73.6 % |

图2-7

绘制以矩形为基本形的其他图形：

单击工具箱中的挑选工具，选择如图2-9所示矩形，单击属性栏中的转换为曲线按钮，或者选择排列菜单中的转换为曲线，将矩形属性丢失，然后单击工具箱中的形状工具（具体使用方法见2.1.3），对图形的节点和线段修改后完成编辑，结果如图2-10所示。

知识点2：椭圆形工具 🔘 的使用

绘制椭圆形（图2-11）：

单击工具箱中的椭圆形工具，在工作页面中拖拉产生出一任意椭圆形。

图2-10

绘制正圆形（图2-12）：

在绘制椭圆形的同时，按下Ctrl键，绘制出正圆形，同时按下Ctrl键和Shift键，绘制出以鼠标落点为中心的正圆形。

图2-11

绘制饼形或弧形：

单击工具箱中的挑选工具，选择正圆形，修改属性栏中的饼形或弧形按钮，修改起始和结束角度（图2-13、图2-14、图2-15），分别获得如图2-16、图2-17和图2-18。

图2-12

图2-13

图2-14

图2-15

图2-16

图2-17

图2-18

绘制以椭圆形为基本形的其他图形：

单击工具箱中的挑选工具，选择一正圆形，单击属性栏中的转换为曲线按钮，或者选择排列菜单中的转换为曲线，将圆形属性丢失，然后单击工具箱中的形状工具，选择圆形上端节点，在属性栏中将节点转换为尖突节点后调整节点两端的控制柄的方向完成编辑，结果如图2-19所示。

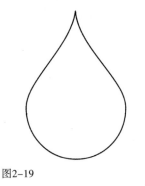

图2-19

绘制同心圆：

单击工具箱中的挑选工具，选择一正圆形，缩放图形四角的黑色矩形（图2-20）可以实现图形的等比例缩放；

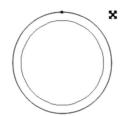

图2-20

缩放的同时按下Shift键实现圆向中心的等比例缩放（图2-21），缩放到合适位置单击鼠标右键，鼠标形变为 ⌖ 后，完成向内的一个同心圆的制作（图2-22）；

继续按下Ctrl+R键，按同样的比例向内重复生成新的同心圆，多次按下后得到如图2-23所示结果。

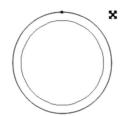

图2-21

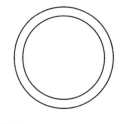

图2-22

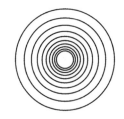

图2-23

当然，并不是所有的同心圆都是一个方法获取，如需将已绘制好的四个圆（图2-24）成为同心状态的方法就是首先选择所有的圆，单击属性栏中的对齐和分布按钮 ⊟ 或选择排列菜单中的对齐和分布，勾选窗口中的水平与垂直居中（图2-25）后单击应用，完成同心圆的编辑（图2-26）。

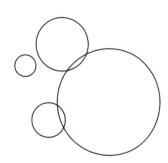

图2-24

图2-25

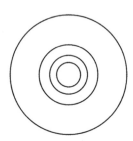

图2-26

知识点3：多边形工具 的使用

绘制多边形（图2-27）：

单击工具箱中的多边形工具以及展开后的其他工具，设置属性栏中相应参数后，在工作页面中拖拉产生多边形以及其他图形（图2-27）。

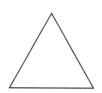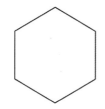

图2-27

绘制正多边形，以及绘制在多边形基础上的其他图形的方法参考前面，与矩形和椭圆形的操作方法基本相同，不再赘述。

2.1.2 手绘工具的使用——绘制自由图形

产品的造型中，虽然许多的轮廓线形都可以归结为建立在基本几何图形之上的，但是很多复杂的产品外观也不能简单的归结为圆或方，即使是多边形也未必能在计算机程序中找到准确的形态，所以如果灵活掌握了使用CorelDRAW软件中的手绘工具 和形状工具 ，无论面对如何复杂的产品形态，都可以准确表达。

下面就手绘工具的使用进行基本知识点的讲解。

知识点1：绘制直线（图2-28）

单击工具箱中的手绘工具，在工作页面中单击确定直线的起点，释放鼠标，在线段的终点再次单击完成直线的绘制；绘制的同时按下Ctrl键，实现水平或垂直直线的绘制。

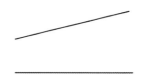

图2-28

知识点2：绘制连续的线段（图2-29）

单击工具箱中的手绘工具，在工作页面中单击确定线段的起点，释放鼠标，在下一个节点处双击鼠标实现上一条线段结束和下一条线段开始的确定，重复这一步骤，直到结束的位置单击完成。

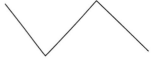

图2-29

知识点3：绘制封闭的线段图形

在 CorelDRAW缺省设置的情况下，开放的图形不能填色（图2-30），封闭的图形反之（图2-31）。所以绘制连续的线段，最后的鼠标落点回到起始点就可得到封闭的图形。

知识点4：绘制曲线图形

单击工具箱中的手绘工具下拉中的贝塞尔工具 ，与绘制直线图

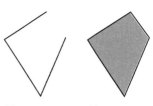

图2-30　　图2-31

图2-32

形不同的是，在线段节点处拖拉鼠标出现控制柄获得理想的曲线图形（图2-32）。

2.1.3 形状工具的使用——绘制自由图形

使用手绘工具绘制的直线或曲线图形不能与理想的产品造型轮廓完全吻合，进一步的编辑就需要通过形状工具 来实现。

知识点1：基本几何图形的形状编辑

矩形具有4个相同属性的节点，使用形状工具拖拉任一节点，获得带圆角的矩形（图2-33）。

图2-33

椭圆形具有一个节点，在图形内使用形状工具拖拉节点，获得饼形（图2-34），在图形外拖拉则获得弧形（图2-35）。

多边形相同位置的节点具有相同的属性，使用形状工具拖拉任一节点，相同属性的节点将同时变化（图2-36）。

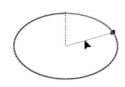

图2-34

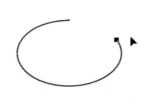

图2-35

图2-36

知识点2：自由图形的形状编辑

形状工具的使用，主要需要通过调整属性栏（图2-37）中的各按钮实现节点的增减、转换和连接等编辑操作来完成。

图2-37

下面讲解在产品造型轮廓表现中常用的几个工具。

节点的增与减：

在线段中单击任一需要添加节点的位置，单击属性栏中的添加节点按钮增加新的节点，移动新增节点改变线的形态（图2-38）；选择节点，单击属性栏中的删除节点按钮实现节点的删减节点（图2-39）。

图2-38

节点的增与减也可通过直接双击鼠标来实现。

直线与曲线的转换：

使用形状工具后，就可以通过属性栏中的转换直线为曲线以及转

图2-39

换曲线为直线按钮实现线形之间的转换。

　　单击直线中的任一位置（图2-40），实现线段的选择，单击属性栏中的转换直线为曲线按钮，移动线段，将直线转为曲线（图2-41）。

　　单击曲线中的任一位置（图2-42），实现线段的选择，单击属性栏中的转换曲线为直线，结果如图2-43所示。

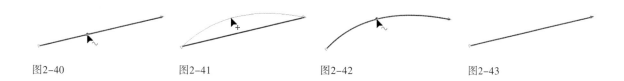

图2-40　　　　　　　图2-41　　　　　　　图2-42　　　　　　　图2-43

　　节点的封闭与打开：

　　使用形状工具，框选开放曲线的两端的节点（图2-44）；分别使用属性栏中的连接两个节点 ⧉ 和延长曲线使之闭合按钮 ⧉，分别获得如图2-45和图2-46不同的两个封闭图形，并可以实现色彩的填充。

　　选择图2-46上端的节点，单击属性栏中的断开曲线按钮 ⧉ 后，完成节点的打开，填色同时消失，移动节点可见图形为开放型（图2-47）。

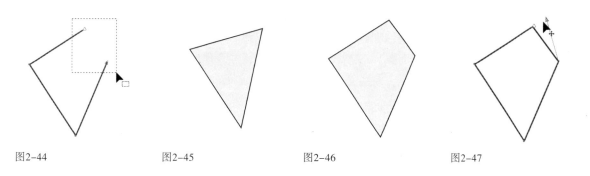

图2-44　　　　　　　图2-45　　　　　　　图2-46　　　　　　　图2-47

　　节点属性的转换：

　　尖突节点 ⧉　两端控制柄相对独立，对一端控制柄的操作不影响另一端的控制柄，一般设置在线段转折或需要出现尖角的地方（图2-48）。

图2-48

　　平滑节点 ⧉　两端控制柄与曲线相切的切点位置，改变一端控制柄的角度将影响另一端控制柄的角度位置，但一端控制柄的长度则不影响另一端控制柄的长度，一般设置在线段平滑但两端弧度不一样的位置（图2-49）。

图2-49

图2-50

对称节点 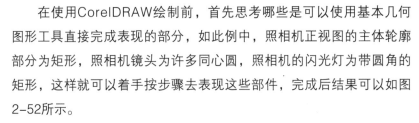 两端控制柄与曲线相切的切点位置，改变一端控制柄的角度和长度将同时影响到另一端的控制柄，一般设置在线段平滑且两端弧度完全一样的位置（图2-50）。

2.2 CorelDRAW中的实际范例

2.2.1 基本几何图形的运用——绘制数码照相机正视图

在开始勾画产品轮廓线的开始阶段，首先要理解产品各个面的形所表现的产品具体部件的功能，产品的内部构件的尺寸大小决定产品外观的尺寸与布局。

在CorelDRAW软件中，尤其是表现产品的三视图的时候，许多产品的图形都表现为几何图形基础上的变化，如手机是带圆角的矩形、cd机的主体为正圆形，产品的按钮基本都是圆或方形等基本的几何图形。

图2-51

在CorelDRAW软件中，常用的绘制几何图形的工具为矩形工具 、椭圆形工具 和多边形工具 ，下面以尼康公司的一款数码照相机（图2-51）为例，来讲解如何使用这几个绘制基本几何图形的工具。

在使用CorelDRAW绘制前，首先思考哪些是可以使用基本几何图形工具直接完成表现的部分，如此例中，照相机正视图的主体轮廓部分为矩形，照相机镜头为许多同心圆，照相机的闪光灯为带圆角的矩形，这样就可以着手按步骤去表现这些部件，完成后结果可以如图2-52所示。

图2-52

步骤1：使用工具箱中的矩形工具，拖拉出任一矩形，通过在属性栏中设置矩形的长宽和矩形四个角的不同圆弧（如图2-53）来完成照相机的外轮廓的表现。

图2-53

步骤2：选择绘制后的轮廓，缩放并复制后，修改属性栏中的矩形边角圆滑度（图2-54）来完成相机的内轮廓的表现（图2-55）。

步骤3：使用工具箱中的椭圆形工具，在按下Ctrl键的同时，拖拉绘制出一正圆形（图2-56）；按下Shift键的同时，缩放四角的任一控制柄并按下鼠标右键复制后（图2-57），实现同心圆的绘制；不断重复此步骤完成如图2-58所示镜头轮廓形的表达。

图2-54

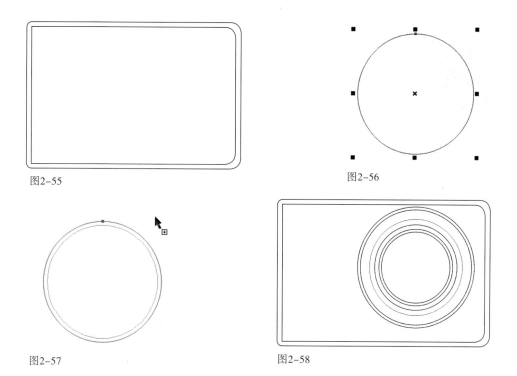

图2-55

图2-56

图2-57

图2-58

步骤4：再次使用工具箱中的矩形工具，拖拉出任一矩形（图2-59）或拖拉的同时按下Ctrl键绘制一正圆形（图2-60）；设置属性栏中的边角圆滑度参数如图2-61所示，所示修改为如图2-62，完成后如图2-63所示。

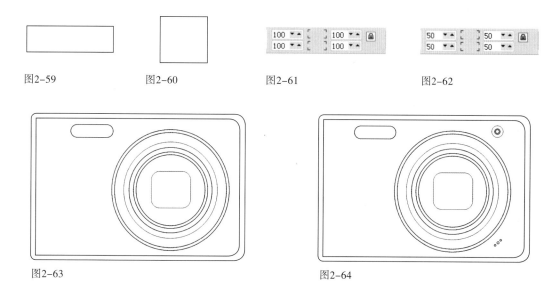

图2-59

图2-60

图2-61

图2-62

图2-63

图2-64

步骤5：再次使用工具箱中的椭圆形工具，按下Ctrl键绘制大小不一的正圆形（如图2-64）以表现相机其他的不同部件。

图2-65

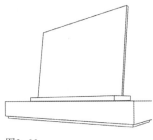

图2-66

2.2.2 手绘工具的运用——绘制家庭影院

在CorelDRAW软件中，手绘工具 ✍ 是基本绘图的工具，灵活使用它可以绘制出需要的产品轮廓与细节的曲线和直线矢量图形。再复杂的产品二维效果图，都需要在图形的基础上进行编辑与修改，所以如果将一幅优秀的产品矢量效果图比喻为一幅优秀的绘画作品的话，那么手绘工具就是构成作品的每一个笔画。

下面以sony公司的一款产品（图2-65）为例，说明手绘工具在绘制自由图形中的方法。按步骤绘制后的产品轮廓图形如图2-66所示。

步骤1：使用工具箱中的手绘工具，在直线的一端单击鼠标，释放鼠标后，在线段的另一段单击确认后绘制出一条直线（图2-67）。

步骤2：继续重复步骤1绘制出自由多边形的其他几边，由于是封闭的曲线形，所以下一条线段的开始点就是上一条线段的结束点，在绘制连续封闭曲线的时候，中间的节点可通过双击鼠标来完成即可，最后结束点的单击回到起始点就完成封闭。由于在未改变CorelDRAW缺省设置的情况下，只有封闭的图形才能填充色彩，所以通过使用手绘工具绘制的图形都尽量保证其为封闭的图形（图2-68）。

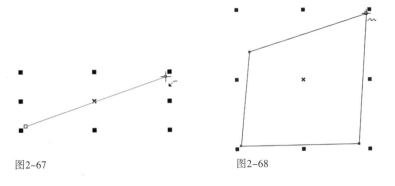

图2-67   图2-68

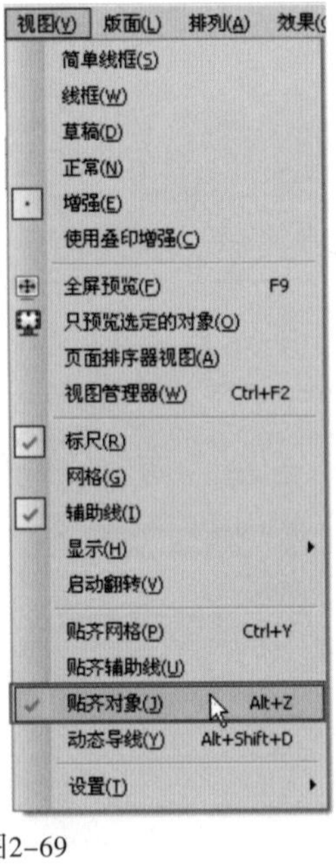

步骤3：继续绘制屏幕的侧面时，为保证侧面与正面的一条相交线吻合，就需要将视图菜单中的贴齐对象勾选（图2-69），当鼠标靠近线段的节点、边缘等处的时候会吸附在其上，这样方便准确地绘制侧面的线形（图2-70）。当然有的时候过于灵敏的贴齐已有的图形也会影响操作，根据具体实际需要的情况，可将勾选去除即可。

步骤4：继续绘制产品下方的立方体，在绘制的时候要注意有的时候需要绘制垂直或水平的直线，只需要在此时按下Ctrl键来实现，不需要的时候释放该键即可完成如图2-71所示的图形。

步骤5：同步骤3和步骤4绘制出侧面图形（图2-72）。

步骤6：不断调整设置，完成如图2-66的产品轮廓图的绘制。

图2-69

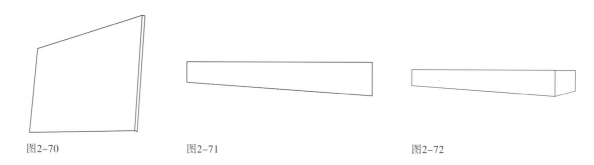

图2-70　　　　　　　　　图2-71　　　　　　　　　　　图2-72

在此例中，产品的外形轮廓均体现为直线边，所以仅仅使用了工具箱中的手绘工具，打开工具箱中的手绘工具（图2-73），除了绘制直线的手绘工具外，还有绘制曲线的贝塞尔工具、绘制特殊艺术笔刷效果的艺术笔等其他工具绘制不同的图形（图2-74、图2-75）。

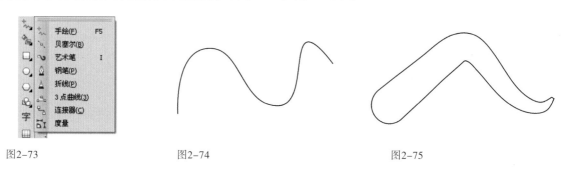

图2-73　　　　　　　　　图2-74　　　　　　　　　　图2-75

2.2.3　形状工具的运用——绘制鼠标

虽然在CorelDRAW的工具箱中有可以绘制曲线的贝塞尔工具和3点曲线工具等，但更准确地编辑一条线形到最理想的曲线形态，还是需要使用形状工具来实现。

下面以一款罗技鼠标（图2-76）为例，来说明如何灵活使用形状工具　表现曲线形的产品外形，完成后的产品轮廓图形如图2-77所示。

图2-76

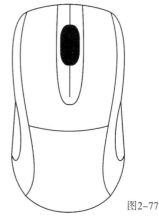

图2-77

在开始绘制之前，思考一下产品正视图看到的产品轮廓，可以发现产品是左右对称的，计算机可以帮助我们完成得最好的操作就是重复性的劳动，没有一个人可以说能徒手画出完全一样的两幅画，同样我们也不可能做完全相同的两次曲线编辑操作，所以产品的外轮廓我们就绘制左右的一半，另一半就让计算机来辅助我们完成。

步骤1：使用工具箱中的手绘工具，在鼠标左侧的关键点部分双击绘制连续直线段（图2-78）。

步骤2：使用工具箱中的形状工具，框选所有的节点（图2-79），单击属性栏中的直线转曲线工具（图2-80）。

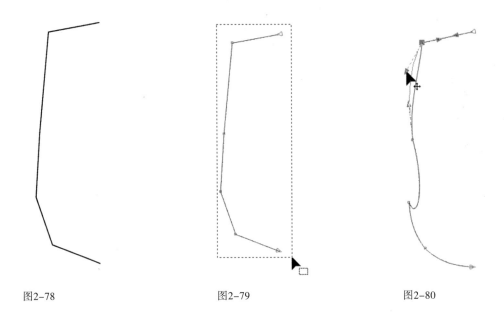

图2-78　　　　　　　　图2-79　　　　　　　　图2-80

步骤3：在图形之外单击后释放对所有节点的选择状态，直接拖拉线段为曲线或者单击各节点，调整节点两端的控制柄（图2-81）完成曲线的编辑。

图2-81

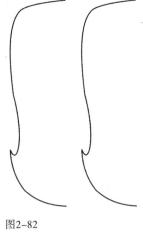

步骤4：使用工具箱中的选择工具，选择绘制好的鼠标左侧图形，按住Ctrl键，向右侧移动并按下鼠标右键实现水平移动并复制的操作（图2-82）。

步骤5：选择右侧复制后的曲线形，单击属性栏中的水平镜像按钮（图2-83），实现形的水平翻转（图2-84）。

图2-82

图2-83

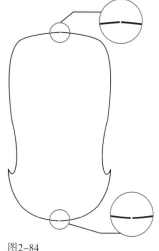

水平复制翻转后的图形保证了左右对称的产品外观轮廓，但是这是两条独立的线形，放大后可以清晰地看到线段与线段之间的缝隙，如果还需要进一步完成填色等其他操作将无法进行，所以接下去的步骤首先解决这个问题。

步骤6：按下Shift键，分别单击左右两个图形，也可通过框选将两个图形同时选中，单击属性栏中的结合按钮（图2-85），实现将两个独立图形合成为一个物体的操作。

图2-85

图2-84

步骤7：框选上端的两个分开的节点（图2-86），单击属性栏中的连接两个节点按钮（图2-87），同样方法完成下端两节点的连接。

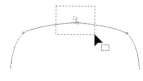

图2-86

图2-87

此步骤完成后，已经基本完成了对称的鼠标轮廓的绘制，但是会发现上下两个节点的线形与理想的平滑的线形有一定差距，这就需要在学习CorelDRAW中节点类型的基础上灵活转换和使用尖突节点（图2-88左下角）、平滑节点（图2-88左上角）和对称节点（图2-88右上角）。

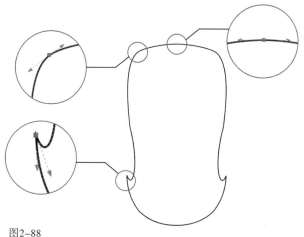

图2-88

步骤8：复习前面提到的形状工具节点属性的知识点后，就可以根据实际需要进行节点的转换了。选择上一步骤上下两个连接后的节点，查看属性栏中尖突节点按钮为虚，可见之所以感觉线段不平滑正由于为尖突节点的缘故，单击属性栏中的平滑节点按钮（如图2-89），将节点类型转换后得到平滑的曲线形。

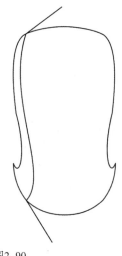

图2-89

步骤9：继续使用工具箱的手绘工具和形状工具，绘制一线形从上到下贯穿整个轮廓（图2-90），同步骤4到步骤7完成一封闭图形（图2-91）。

图2-90

步骤10：选择这一封闭图形（图2-91），打开排列菜单中造型下的造形窗口，选择相交，并在保留原件中只勾选目标对象，单击窗口下的相交（图2-92）；将出现的鼠标箭头指向外轮廓并单击确认后完成两图形的相交操作，结果如图2-93所示。

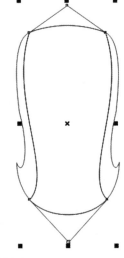

图2-91

图2-92

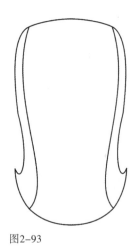

图2-93

步骤11：继续使用工具箱的手绘工具和形状工具绘制鼠标左侧凹陷的图形，方法同步骤4完成右侧的图形，结果如图2-94所示。

步骤12：使用工具箱的手绘工具，绘制一水平直线（图2-95）。

步骤13：使用工具箱的形状工具，鼠标单击线段中的任一位置，实现线段的选择后，单击属性栏中的直线转曲线按钮（图2-96），直线段转曲后，从中心向下拖拉线形获得曲线（图2-97）。

步骤14：灵活掌握上面的方法，绘制出滑轮等部分的其他细节，结果如图2-98所示。

图2-94

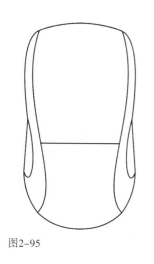

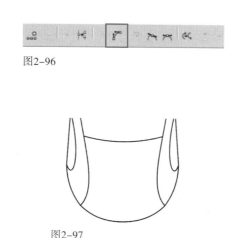

图2-96

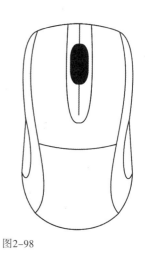

图2-95

图2-97

图2-98

2.3 Photoshop中的基本知识点

在前面CorelDRAW基本知识点以及实际范例的讲解中，基本了解了如何运用好各种工具完成产品轮廓线形的绘制，这是使用两个二维平面软件表现产品最基础也是最重要的一个开始，由于CorelDRAW绘制的产品轮廓形都是矢量图形，所以十分方便修改和编辑以达到理想的产品线形结果。

但是产品很多细腻的质感的效果以及产品形的表现将不得不在Photoshop中继续完成，如何再将形转换入Photoshop中及如何在Photoshop修改和编辑产品轮廓形，是本章节需要学习的主要问题。

2.3.1 CorelDRAW中的图形转换入Photoshop软件中

一般情况下，产品效果图的绘制都是在CorelDRAW或其他矢量软件中绘制好产品轮廓，然后进一步根据具体情况选择CorelDRAW或Photoshop 深入刻画和表现产品的实际效果。

将CorelDRAW中的矢量图形转换入Photoshop软件中可通过以下三步完成：

1. 在CorelDRAW中完成产品ipad轮廓的绘制（图2-99），选择文件菜单中的导出，在保存的文件类型中选择AI-Adobe Illustrator（图2-100）。

2. 进入软件Adobe Illustrator，打开保存的文件，全选所有的线形（图2-101），按下Ctrl+C或单击编辑菜单中的复制实现所有线形的复制。

3. 打开Photoshop软件，使用文件菜单下的新建，在跳出的窗口中设置文件的大小和分辨率（图2-102），确认后完成新文件的创建。

图2-99

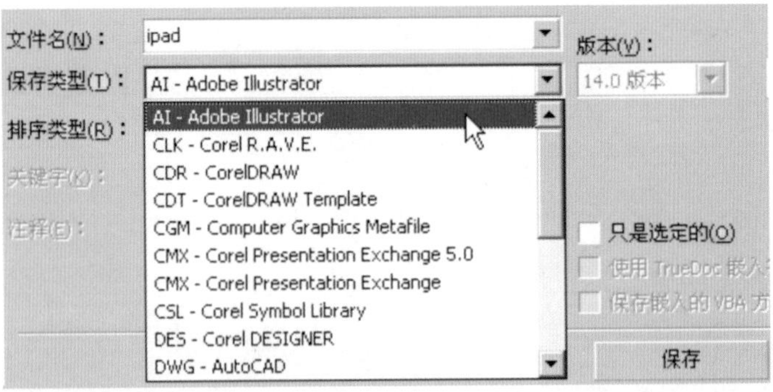

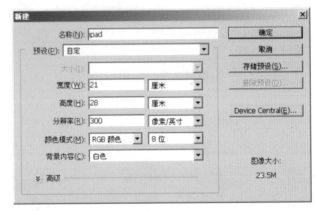

图2-100

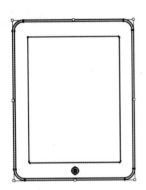

图2-101

图2-102

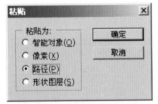

图2-103

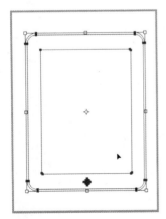

图2-104

按下Ctrl+V或单击编辑菜单中的粘贴，在跳出的窗口中选择粘贴为路径（图2-103）。

使用工具箱中的路径选择工具 ，框选所有路径，按下Ctrl+C键，出现对路径进行编辑的控制框，按下Shift键的同时拖拉四角的控制柄，等比例缩放到画面合适大小的位置后回车确认（图2-104）。

在窗口菜单中打开路径窗口，可以看见转入的图形以工作路径的形式进入了Photoshop中，单击选择任一路径可进一步实现单独编辑（图2-105）。

在Photoshop 中，对于已编辑好的表现产品轮廓的路径，经常使用路径窗口下的填充路径 、描边路径 实现当前图层路径范围图像的编辑，如同CorelDRAW中的色彩填充和轮廓线编辑。

2.3.2 路径工具的运用

虽然多数情况下，产品的外观轮廓在CorelDRAW软件中完成，Photoshop中路径的绘制与编辑也不如在CorelDRAW软件中对形的修改来得方便与快捷，但是有的时候，也需要在Photoshop中完成一些基

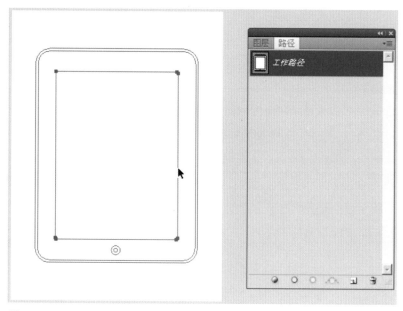

图2-105

图2-106

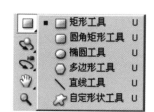

图2-107

本矢量路径的绘制与编辑。

知识点1：路径的创建

在Photoshop中路径的创建可以使用工具箱中的钢笔工具和自由钢笔工具（图2-106）以及矩形工具等几何图形工具（图2-107）来完成。

选择好工具后，在属性栏中选择路径（图2-108），在页面中绘制产生出矢量路径图形。

图2-108

选择工具箱中的钢笔工具，在每个线段的节点处单击获得直线段，如在锚点处拖拉可获得带两端控制柄的曲线（图2-109）；结束点回到起始点时单击获得封闭的路径（图2-110）；继续使用其他几何图形工具，如带圆角矩形，在当前工作路径上添加新的封闭路径（图2-111）。

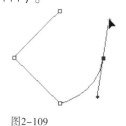

图2-109

图2-110

图2-111

图2-112

知识点2：路径的基本编辑

对于路径的基本编辑可以通过工具箱中的路径选择工具来实现路径的选择，直接选择工具来实现对路径中锚点或线段的选择与移动修改（图2-112）。

通过图2-106中的添加锚点、删除锚点和转换点工具来实现路径中锚点的多少以及锚点类型的转换；图2-113所示说明了各工具具体使用后图形产生的变化。

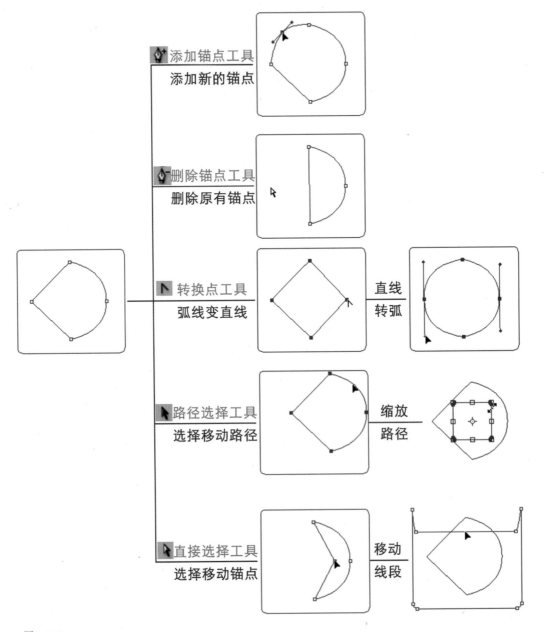

图2-113

在Photoshop中对路径进行编辑时需要注意以下两点：

1. 在Photoshop中删除锚点必须使用删除锚点工具，而不能如同在CorelDRAW中删除节点时使用Delete键，否则封闭路径将开放。

2. 在Photoshop中选择路径等比例缩放的约束键是Shift，向中心点的约束键是Alt，与CorelDRAW中分别为Ctrl键和Shift键不同。

2.4　Photoshop中的实际范例

2.4.1　实际场景中的抠图

在Photoshop中将产品从实际场景中取出，去除不需要的背景画面，是经常会做的抠图过程，虽然获得相同结果的方法很多，但是比较准确获得产品轮廓形并可以方便修改的方法还是使用路径工具来完成。

下面通过一张图片来说明如何灵活运用路径工具获得汽车的轮廓，从而掌握在Photoshop中如何绘制产品线形轮廓。

步骤1：在Photoshop中打开一张汽车图片，在窗口菜单中勾选路径，将路径窗口显示，并拖拉进入图层窗口（图2-114）。

图2-114

步骤2：在工具箱中选择钢笔工具，选择属性栏中绘制的类型为路径 ，沿汽车轮廓关键点单击获得封闭的工作路径（图2-115）。

所谓的关键点就是指转折点的位置，路径的锚点不需要太多，在能符合曲线要求的情况下锚点越少，编辑出的曲线形会更显平滑。

图2-115

图2-116

图2-117

步骤3：使用工具箱中的缩放工具，放大局部，可以看清楚各锚点的位置是否与图片中的汽车轮廓吻合；使用工具箱中的直接选择工具，选择锚点将其移动到合适位置（图2-116）；使用工具箱中的抓手工具，移动图片查看并编辑其他锚点（图2-117）。

步骤4：使用工具箱中的添加锚点工具，为复杂的线段添加新的锚点（图2-118）；或者在一条直线中添加锚点，移动锚点使直线变为曲线形（图2-119）。

这一步骤是决定路径能否与产品完全吻合的关键过程，也需要花费一定的时间，经常练习就可以很熟练地完成这个过程，在尽可能少添加锚点的情况下获得理想的矢量路径。

图2-118

图2-119

步骤5：完成后的工作路径如图2-120所示，单击路径窗口下的将路径作为选区载入按钮，获得与路径吻合的选区范围（图2-121）。

图2-120

图2-121

步骤6：进入图层窗口，按下Ctrl+C键和Ctrl+V键，复制背景图层上的汽车图像并粘贴到新的图层1中，新增图层2并填充为白色后放置在图层1下，完成后的结果可见已从复杂背景中取出的汽车图像（图2-122）。

图2-122

第3章 从线形到立体面

无论使用什么软件勾画出产品的轮廓线形后，能基本掌握产品的外观构造，但无法很好地表现产品的立体感，本章主要通过两个软件对于产品的色彩处理来讲解如何表现产品轮廓线形到立体面的变化。

3.1 CorelDRAW中的基本知识点

3.1.1 选择工具的灵活运用

在CorelDRAW中，要实现填色和基本变色之前，首先要选择物体对象，虽然工具箱中的选择工具很简单，但是灵活使用能帮助对图形的编辑。

知识点1：选择一个对象

简单的图形，如选取图3-1中立方体的一个面，使用工具箱中的选择工具 [🖰]，单击需要操作的对象，很方便地实现选取。

知识点2：选择多个对象

选择立方体的三个可见面，只需要在继续单击的时候按下Shift键实现多选；如果经常要进行选择立方体的操作，则建议将立方体的三个面选中后单击属性栏中的群组按钮 [⊞] 实现群组，以后只需要单击其中一个面就可以完整地选取立方体。

知识点3：选择特殊对象或特殊位置的对象

选择的同时按下Ctrl键，可实现在不取消群组的情况下选择群组内的一个物体（图3-2）。

选择的同时按下Alt键，可实现选取对象物体之后的其他对象（图3-3）。

前面选择的都是无填充色的对象物体，在产品的设计和表现过程中，经常会遇到复杂的选择物体的情况，如图3-4所示的三个立方体，当每个面填充了不同颜色后（图3-5），即使按下Alt键，也很难准确地选择后方被大立方体覆盖的小立方体。

遇到这种情况，可以通过视图菜单中的显示状况来协助完成特定

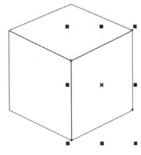

图3-1

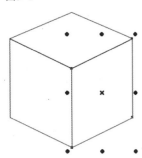

图3-2

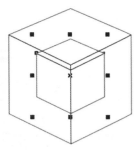

图3-3

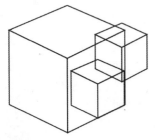

图3-4

对象的选择。

在视图菜单中点选线框（图3-6），将以线框方式显示文件中的所有图形，然后按下Alt键，点选隐藏在后的小立方体；按下Shift+PgUp键，将选择的小立方体放置到大立方体前面，回到视图菜单，将显示状态恢复到正常或增强状态即完成了此次特殊选择的操作过程。

图3-5

图3-6

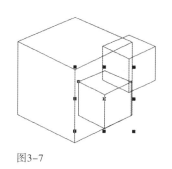

图3-7

图3-8

3.1.2　填充工具的运用

能灵活选择对象物体之后，就要通过进一步的填充操作来完成产品轮廓线到面的转换。

知识点1：单色填充对象

选择需要单色填充的对象，鼠标左键单击软件右侧调色板中的颜色，实现图形内部色彩填充；鼠标右键单击软件右侧调色板中的颜色，则实现图形轮廓线的色彩修改；在工具箱中选择填充工具下的均匀填充工具（图3-9），在跳出的窗口中（图3-10）选择合适的颜色，或者设置数值获得特定的单色。

使用C（青）M（品红）Y（黄）K（黑）的数值可以准确描述每个

图3-9

图3-10

颜色，如立方体分别用不同数值的黑色表现立体感（图3-11），以及用不同数值的色彩表现各立体面（图3-12）。

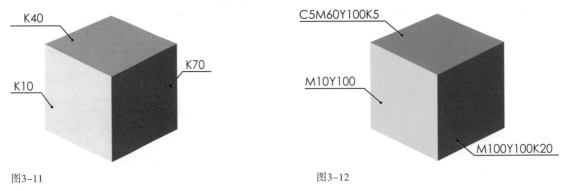

图3-11   图3-12

图3-13

即使仅仅使用单色填充也可以表现出图形的立体感，如在立体圆角矩形按钮上表现文字的凹凸效果。

首先使用工具箱中的矩形工具，绘制一圆角矩形，并单色填充C20M20（图3-13）。

图3-14

使用工具箱中的选择工具，将图形向右下角移动并复制两次，并分别填充白色和黑色（图3-14）。

选择黑色图形，按下Shift键多选白色图形，单击属性栏中的修剪按钮 ，删除黑色图形，获得图3-15所示的修剪结果。

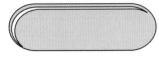

图3-15

选择白色修剪结果并复制，单击属性栏中的水平和垂直镜像 各一次，将复制后的图形单色填充C40M40，去除所有形的轮廓黑线（图3-16）。

图3-16

使用工具箱中的文字工具，输入英文单词DESIGN，将文字填充白色（图3-17）。

图3-17

向右下角移动复制后填充黑色，再向左上角移动复制后填充C20M20，调整好三个文字的位置，表现出文字凸起的效果（图3-18）。

将黑色与白色的文字的颜色互换后，可以表现出文字凹陷的效果（图3-19）。

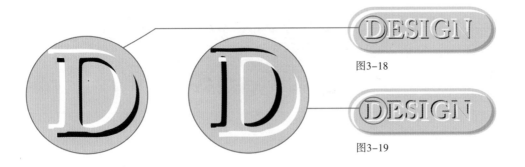

图3-18

图3-19

知识点2：渐变色填充对象

很多情况下，单色填充不能最佳地表现产品的曲面，以及不同受光情况下的实际效果，更丰富和细腻地表现产品表面的色彩就需要填充渐变的色彩。

在工具箱中选择填充工具下的渐变填充工具（图3-20），跳出的窗口如图3-21所示。

图3-20

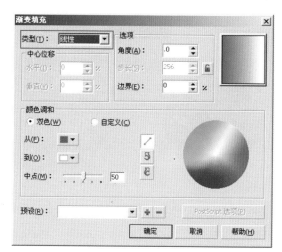

图3-21

在表现产品表面的色彩渐变中，渐变填色的类型使用最多的是线性和射线两个类型；颜色的双色调和一般也不能完全符合需求，自定义的多个色彩的调和是经常进行的色彩调整。

线性渐变填充：

选择图3-22中顶部的绿色面，打开工具箱中的渐变填充，选择自定义，设置左侧的颜色为K20，在位置为70的位置添加一个色彩点并填充白色，在窗口右上角的色彩显示内拖动鼠标，调整渐变的角度，为增加色彩两侧的颜色可增加选项窗口中的边界数值（图3-23）。用同样的方法，逐步调整其他的四个图形的线性渐变参数，完成后结果如图3-24所示。

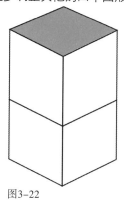

图3-22

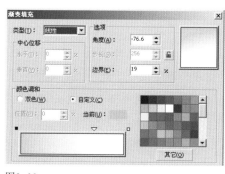

图3-23

图3-24

射线渐变填充：

选择图3-25中绿色圆形，打开工具箱中的渐变填充，选择射线类型，设置自定义，从左到右四个点的颜色分别是M80Y80K30，M100Y100K60，M100Y100和Y100，在右侧的显示窗口单击鼠标设置射线的中心位置（图3-26），完成填色后将圆形表现为有立体感的红色小球（图3-27）。

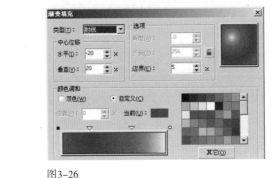

图3-25　　　　　图3-26　　　　　　　　　　　　　　　图3-27

在表现小球弹起后的阴影的表现过程中发现，如果对于椭圆形进行直接的射线填充，如图3-28所示无法获得理想的结果。

具体操作可以首先对正圆完成黑白双色的射线填充（图3-29）；鼠标右键单击软件右侧调色板的无填充按钮 ⊠ ，去除正圆的轮廓，选择位图菜单中的转换为位图（图3-30）；上下缩放已转为位图形的正圆（图3-31）；完成射线渐变后的图形结果如图3-32所示。

图3-28

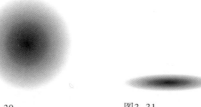

图3-29　　　　　　图3-30　　　　　　图3-31　　　　　　图3-32

圆锥渐变填充：

绘制四个同心圆（图3-33），选择其中的绿色正圆形，打开工具箱中的渐变填充，选择圆锥类型，使用M60Y100和M100Y100双色渐变，在颜色调和窗口内选择双色调和为色盘中的逆时针方向（图3-34），结果如图3-35所示。

在表现产品造型的过程中，经常需要对不同的物体采用不同的渐变填色。

图3-33

图3-34

图3-35

如图3-36所示的由基本几何图形构成的台灯图形，采取不同渐变填充类型后，完成的立体图形如图3-37所示，各部分填充参数如图中所示。

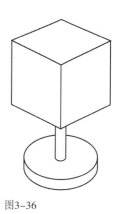

图3-36

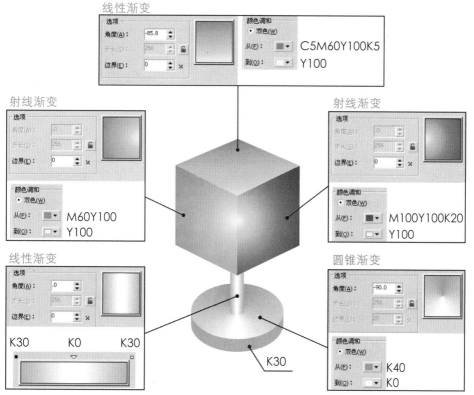

图3-37

3.2 CorelDRAW中的实际范例

3.2.1 数码照相机正视图的效果表达

在上一章使用基本几何图形完成的尼康照相机基本形绘制的基础上，结合使用手绘和形状工具完成正视图的其他细节的刻画（图3-38）。

下面以此视图效果表达说明在CorelDRAW软件中如何灵活地使用各渐变工具完成面的效果表达。

步骤1：首先设定照相机的基本色调为暗红色，基本采用自定义线性渐变完成主体大面积的填色，以及局部的色彩调整（图3-39）。

图3-38

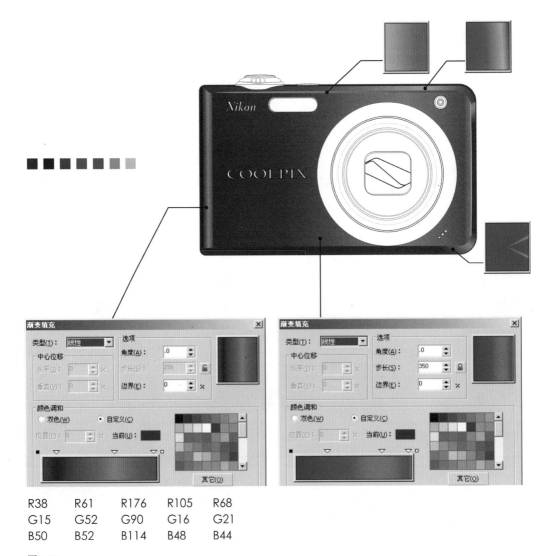

R38	R61	R176	R105	R68
G15	G52	G90	G16	G21
B50	B52	B114	B48	B44

图3-39

步骤2：选择表现镜头轮廓形（图3-40）中最外围的正圆形，使用圆锥类型渐变工具，设置自定义中各颜色的分布如图3-41所示，完成填充（图3-42）。

步骤3：选择其他需要进行相同填色的内部圆形，单击编辑菜单中的复制属性自，在跳出的窗口中勾选填充后确定，将出现的箭头指向上一步骤填充好的最外围正圆并单击确认后完成填充色的复制。

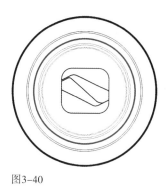

图3-40

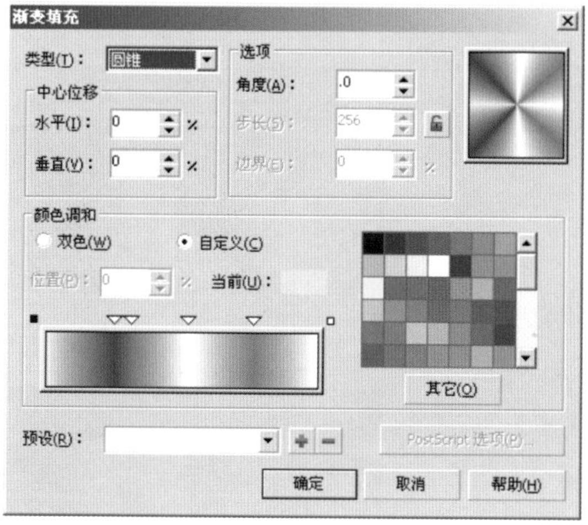

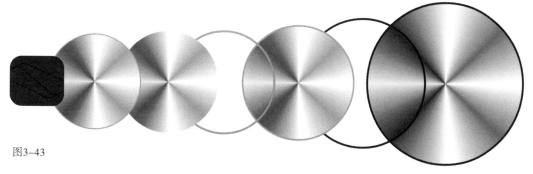

图3-41

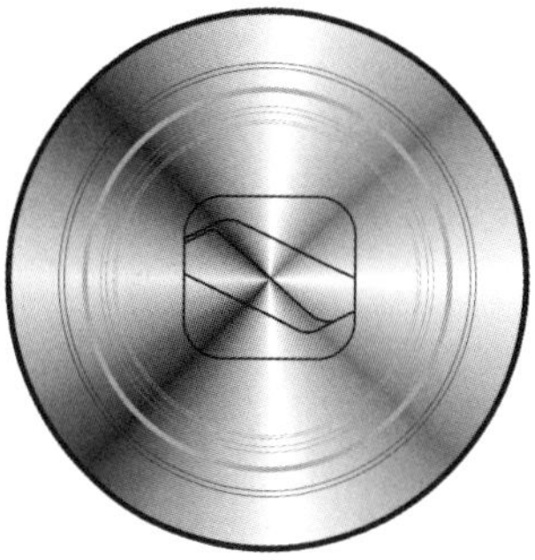

图3-42

步骤4：不断调整和填充镜头中各物体，分解镜头各部分如图3-43所示；单色填充镜头盖，镜头盖表现出凹陷的效果可参考3.1.2知识点1中的操作方法。

图3-43

步骤5：与镜头相同的处理方法，使用工具箱中的缩放工具，或者使用键盘上的F2放大和F3缩小快捷键，协助显示状态以完成照相机正视图右上角感应镜头的色彩填充（图3-44）。

步骤6：分别选择表现照相机快门的各部件，采用垂直线性的类型渐变填充，为表现比较突出的金属质感，在自定义色彩的使用可以采

图3-44

图3-45

用黑白反差对比的方式，结果如图3-45所示。

步骤7：前面的章节中重点介绍了CorelDRAW在表现产品外观的过程中常用到的单色和渐变填充工具，在一些特殊情况下，也会用到填充中的其他填充工具，如在表现闪光灯的效果时采用的是填充工具下拉中的底纹填充工具，在窗口中设置色彩等参数后（图3-46）完成填色（图3-47）。

步骤8：单色填充产品品牌等文字信息。企业logo的立体化表现可以简单地采用复制图形，并将右下角错位图形填充为黑色来表现（图3-48）。

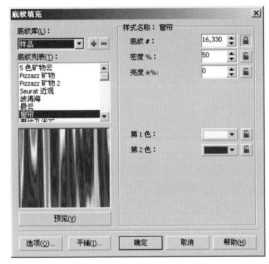

图3-46

图3-47

图3-48

通过不断的调整渐变参数，完成相机正视图各个面的效果表达（图3-49）。

图3-49

3.2.2　液晶电视的效果表达

打开上个章节（2.2.2）已完成轮廓绘制的sony液晶电视，选择各个图形，主要使用工具箱填充工具中的渐变填充工具（图3–50），通过不同参数的设置，用黑白灰为主要渐变参数点的颜色，完成产品的渐变填色（图3–51）。

在此范例中，由于产品以平面形为主，所以渐变类型均为线性，颜色调和也多为双色渐变，为说明各部分颜色的实际颜色数值，截取了自定义状态下的颜色条。

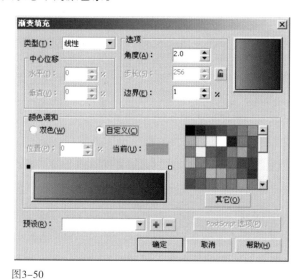

图3–50

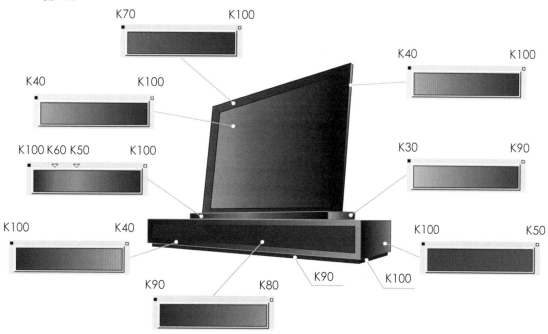

图3–51

通过这个范例可以说明，在理解产品造型的基础上，考虑清楚产品的各个面的受光情况，使用渐变填色工具就可以很好地在二维平面软件中表现出立体的产品。

3.3 Photoshop中的基本知识点

3.3.1 选区的获取与编辑

在Photoshop中，对产品的局部进行上色和色彩编辑等操作，都需要首先获得特定的选区范围，所以灵活地掌握获取选区的各种方法，以及对选区进行编辑就是在使用Photoshop表现产品创意的过程中的一个重要步骤。

知识点1：工具箱中的直接选择工具

工具箱中直接获取选区的方法主要有三种，矩形选框 等选框工具、自由套索工具 等套索工具，以及魔棒工具 。

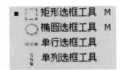

图3-52

通过各选框工具（图3-52）分别可以直接获得长方形和椭圆形的选区范围以及水平单行和垂直单列一个像素单位的选区范围。使用矩形和椭圆选框工具的同时按下Shift键可以获得正方和正圆的选区范围。

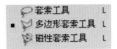

图3-53

通过各套索工具（图3-53）可以获得自由形态的选区范围，在产品表现中多边形套索工具使用较多，可获取直线多边形的选区范围。

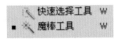

图3-54

魔棒工具（图3-54）在选取颜色范围的时候较多使用，选取颜色范围的大小和准确性与属性栏中的容差数值有关。对于颜色相同的区域就最好选择魔棒工具。

如获取图3-55中白底上的鸭子图形，要获取黄色小鸭的选区，正向思维就会考虑使用套索工具或者磁性套索工具来获取选区（图3-56），可如果逆向思维会发现，使用魔棒工具在白色背景上单击将很快准确地选取白色区域的范围（图3-57），然后使用选择菜单中的反向就能快速、准确地得到理想的结果（图3-58）。

图3-55

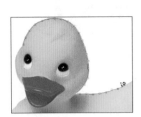

图3-56

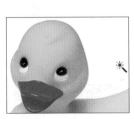

图3-57

图3-58

知识点2：路径与选区范围的转换

如果希望将使用工具箱中的直接选取工具获得的选区范围作进一步的局部修改与调整会十分不便，这就需要将选区转换为可编辑的矢量路径，完成修改后再转换为理想中的选区范围。

如图3-58中获取的黄色小鸭选区，打开路径窗口，单击窗口下方的从选区生成工作路径按钮（图3-59），立即获得了路径，单放大后会发现路径与原选区存在差异，部分位置偏移比较明显（图3-60、图3-61）。

图3-59   图3-60   图3-61

希望获得尽可能吻合的路径，就需要单击路径窗口右侧的展开按钮，点击其下的建立工作路径（图3-62），在跳出的窗口中设置容差，系统默认的最小的差别值是0.5个像素（图3-63）；

确认完成后获得比较精确的路径，选择工作路径可见从选区转换成的工作路径的锚点比较多，对于后面的编辑也是具有一定难度和复杂性的（图3-64）。

图3-62

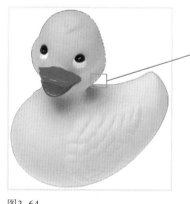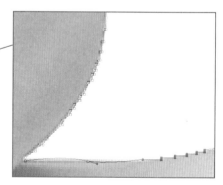

图3-63   图3-64

路径转换为选区的过程就比较简单了，继续在当前的工作路径上使用工具箱中的钢笔工具，根据小鸭的眼睛和嘴的轮廓勾画添加新的直线边路径（图3-65）。

使用工具箱中的添加锚点工具以及转换点工具，依据鸭子嘴和眼睛图像的轮廓在直线边路径中添加新的锚点并调整新增锚点，以完成理想的曲线形态（图3-66）。

图3-65   图3-66

选择工作路径中的所有路径，单击窗口下方的将路径作为选区载入按钮（图3-67），完成路径转换为选区的过程（图3-68）。

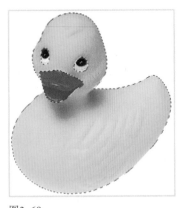

图3-67   图3-68

知识点3：选区范围的增减

使用工具箱的直接选取工具获得了各种选区范围，使用这些工具也可以对选区进行进一步的基本编辑。在使用这些工具的时候，属性栏一般为新选区状态（图3-69），如要在现有选区基础上增加、减少或者相交选区范围，就可以按下相应的按钮，然后使用工具箱中的各选取工具来实现；同样即使不单击这三个按钮，在获取新选区的同时按下Shift键、Alt键和Shift+Alt键也分别可以获得相同的结果。

图3-69

知识点4：选择菜单的使用

无论使用什么方法获取选区，获得选区后的许多编辑可以通过选择菜单中的各命令来完成。常用的是反向、调整边缘、选区的修改、变换选区，以及存储和载入选区等命令。

反向命令可以获得当前选区范围以外的选区，在表现产品形的过程中也会经常使用到，能否灵活使用这个命令也是发挥逆向思维的一个表现。

调整边缘命令可以直观地通过不同显示状态的视图来表现参数编辑后的选区边缘属性（图3-70）。

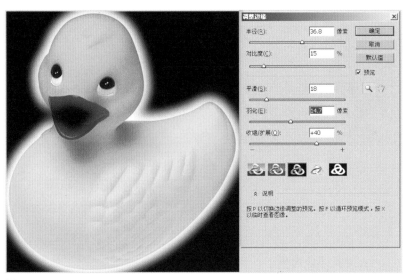

图3-70

修改命令如图3-71所示，可以对当前选区实现五个不同的操作，其中羽化是常用的虚化选区边缘的操作，羽化数值的多少影响羽化的效果；直观地显示羽化数值对选区的影响在高版本的Photoshop中就可以在调整边缘中实现。

图3-71

变换选区命令可以实现选区的缩放，缩放的同时Shift键实现等比例的缩放或上下左右对称的缩放；在使用修改命令中的扩展和收缩命令的时候，如果扩展量和收缩量像素变化较大，会发现选区的边缘变形，在这种情况下建议使用变换选区命令来完成。

存储和载入选区命令可以实现选区的保存和重新载入，选区的保存是以通道的形式来实现的，通道的灵活运用也会极大地方便对选区的编辑，在后面的章节中将单独讲解如何运用通道来获取特殊的选区范围。

3.3.2　Photoshop中的填充工具

有了理想的选区范围，就需要对其进行填充单色和渐变色来丰富画面。Photoshop软件与CorelDRAW软件的填色方式基本相同。在CorelDRAW软件中是对选中的图形对象填色，而在Photoshop软件中

图3-72

图3-73

就是对选区范围在图层上实现填充，主要使用工具箱中的渐变工具和油漆桶工具来实现填充效果（图3-72）。

知识点1：Photoshop中实现单色填充

在工具箱中单击前景色色块（图3-73），在跳出的拾色器中设置前景色为M100（图3-74），使用工具箱中的油漆桶工具，在选定的白色背景选区范围内单击实现图片背景色的单色填充修改（图3-75）。

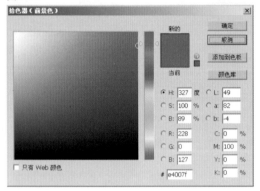

图3-74

图3-75

按下Ctrl+Z键，取消对背景色的修改，使用选择菜单中的反向工具，选择黄色小鸭图像。

使用工具箱中的油漆桶工具，在当前选区范围内单击获得部分区域的前景色填充（图3-76），这是由于油漆桶工具填色的结果受属性栏中容差数值的影响，由于选区范围内的图像颜色变化十分细腻丰富，缺省容差数值仅为32（图3-77），与鼠标落点的灰度差别在32范围的颜色方可实现填色结果。

解决这一问题的方法有两个。一是调整容差到最大的数值255，再次操作就可以将当前选区完全单色填充。

图3-76

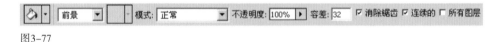

图3-77

第二种方法是使用编辑菜单中的填充来实现，在跳出的填充窗口中（图3-78）除了使用前景色，也可以选择其他颜色完成选区范围的单色填充。

两种方法均得到同样的选区单色填充结果，如图3-79所示。

知识点2：Photoshop中实现渐变填充

单击工具箱中的渐变工具，在属性栏中可见渐变的属性（图3-80），其中渐变的类型分别为线形 、径向 、角度 、对称

图3-78

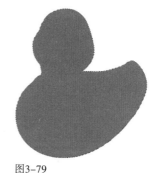

图3-79

图3-80

和菱形 渐变。

单击渐变类型前的色彩长条，跳出渐变编辑器窗口（图3-81），在窗口中可以看到预设的颜色渐变。在渐变设置窗口中的色彩条下方单击添加新的色标，单击颜色窗口可修改色标颜色（图3-82）；单击色彩条上方添加新的透明度控制，修改色标中的不透明度为0，将位置为50%的色彩设置为完全透明（图3-83）。

在Photoshop中的渐变编辑器只能编辑颜色的位置和透明度，渐变的方向和颜色的起始等就需要在绘制时把握。鼠标拖拉的起始点和结束点就是颜色条开始和结束的颜色，拖拉的长度范围就是颜色显示的范围。

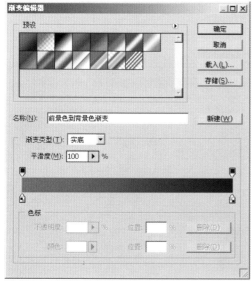

图3-81

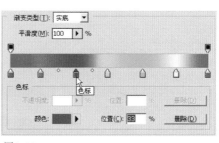

图3-82

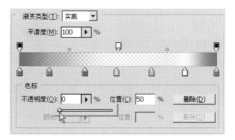

图3-83

在黄色小鸭的文件中新建图层，使用图3-83所示的渐变设置，在画面中从左下方向右上方拖拉（图3-84），获得如图3-85所示的结果。

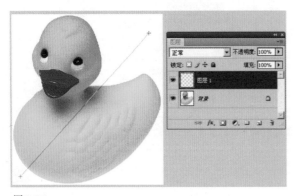

图3-84

图3-85

隐藏图层1，新建图层2，同样方向短距离拖拉鼠标（图3-86），获得如图3-87所示的结果。

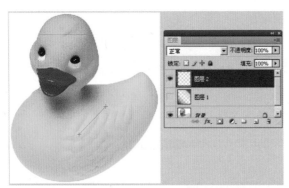

图3-86

图3-87

拖拉的同时按下Shift键获得水平或垂直的渐变方向（图3-88）。在有选区范围的情况下，填色只在选区范围内实现（图3-89）。

图3-88

图3-89

3.4 Photoshop中的实际范例

3.4.1 立体球的效果表现

在此范例中，通过绘制一个球体来体现如何灵活地使用选择工具以及对选区进行编辑。

步骤1：打开Photoshop软件，单击文件菜单中的新建，设置文件的长宽均为15厘米，分辨率为72像素/英寸（图3-90）。

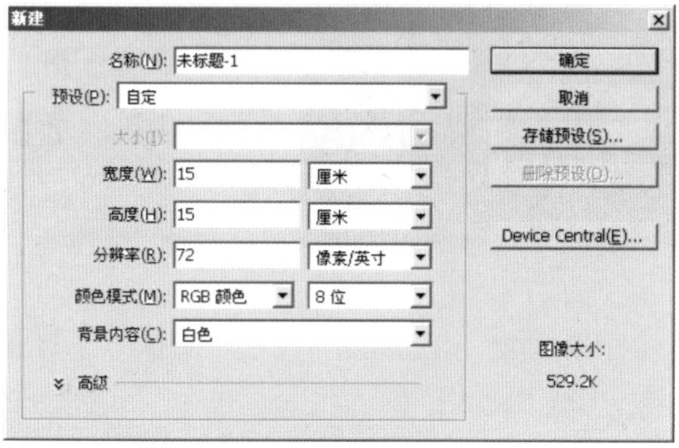

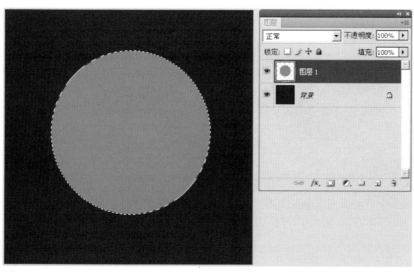

图3-90

步骤2：将背景色填充为黑色，使用工具箱中的椭圆选框工具，按下Shift键获取一正圆选区，在新建的图层1中填充灰色（图3-91）。

步骤3：继续使用椭圆选框工具获取一椭圆选区，单击选择菜单中的变换选区，缩放并旋转选区如图3-92所示，完成修改后按下回车键确认完成。

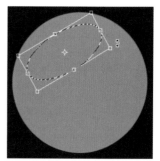

图3-91

图3-92

步骤4：单击选择菜单中的调整边缘，设置显示状态为蒙板 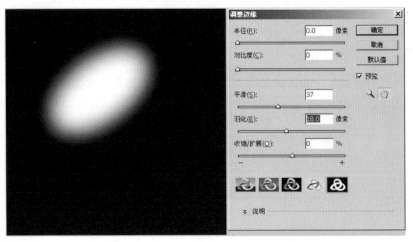（实际此处为图标），修改羽化等参数以获得理想的羽化结果（图3-93）。

图3-93

步骤5：调整边缘窗口确认完成后，在新建图层2上对当前羽化后的选区范围填充白色。

步骤6：单击工具箱的任一直接选择工具，向右下角移动选区，在新建图层3上对当前的选区范围填充黑色（图3-94）。

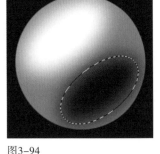

图3-94

步骤7：释放选区，将背景图层填充为白色，仔细观察完成后的图像，在白色背景上，可以发现步骤6中完成的表现球体暗影部分的图像由于选区羽化的影响，填充黑色后部分图像已超出了球体范围（图3-95）。

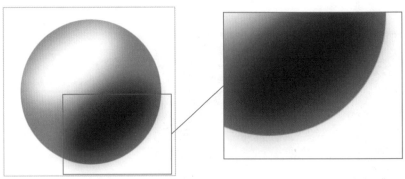

图3-95

下面就需要解决如何将这部分超出圆形范围的图像删除的操作。

步骤8：按下Ctrl键的同时单击图层1前的图层浏览图（图3-96），在当前工作图层3中将图层1中的圆形图像作为选区载入（图3-97）。

步骤9：单击选择菜单中的反向，获取球体以外的选区范围，按下

图3-96

Delete键，删除不希望存在的扩散到圆形以外的图像。

步骤10：同样操作的方法，对图层2的白色高光部分扩散到圆形以外的图像删除。在新建图层4中，使用工具箱中的画笔工具，在属性栏中设置画笔的粗细，在白色高光图像上方单击表现一小高光点（图3-98）。

步骤11：将背景图层恢复黑色填充，在图层窗口中按下Shift键，将背景图层以外的所有表现立体球图像的图层选中，单击图层菜单下的链接图层按钮（图3-99）。

步骤12：按下Ctrl+E键，实现链接图层的合并；复制并缩放合并后的各个图层（图3-100）。

图3-97

图3-99

图3-100

图3-98

3.4.2 ipad正视图的效果表达

下面通过对Apple公司的ipad产品效果的表现，来讲解Photoshop中的颜色填充。

步骤1：在Photoshop中打开文件，单击以激活路径窗口中的工作路径，使用工具箱中的路径选择工具，选择最外侧的路径（图3-101）。

步骤2：进入图层窗口，单击右下角的创建新图层按钮，创建一新图层1（图3-102）。

步骤3：在工具箱中设置前景色为灰色 R192、G192、B192（图3-103）；回到路径窗口中，单击左下角的用前景色填充路径按钮，在图层1上为选择的路径范围完成单色填充效果（图3-104）。

步骤4：分别设置前景色和背景色为深黑色R28、G28、B28和白色R255、G255、B255（图3-105），同步骤1到3选择内侧轮廓（图3-106），在新的图层2中使用前景色填充路径。

步骤5：单击前景色与背景色右上角的切换按钮，完成颜色的互换（图3-107）；

单击工具箱中的画笔工具 ，并在属性栏中设置画笔直径为8个

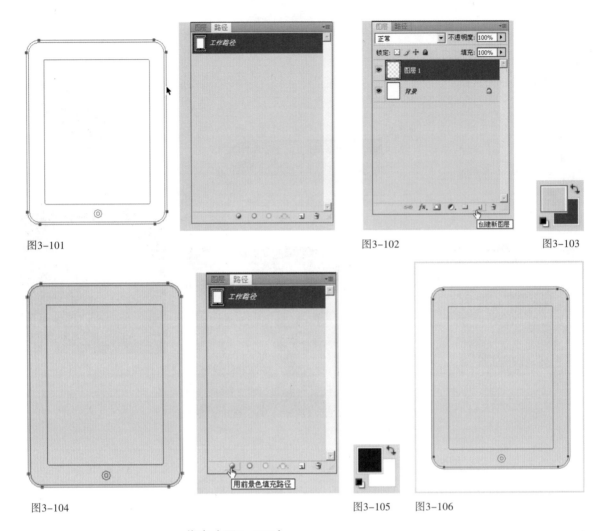

图3-101   图3-102   图3-103

图3-104   图3-105   图3-106

像素（图3-108）；

　　在路径窗口中单击下方的用画笔描边路径，继续在当前图层对选择的路径完成白色描边效果（图3-109）。

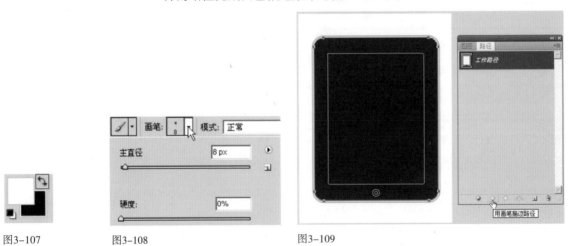

图3-107   图3-108   图3-109

　　步骤6：在路径窗口的空白区域单击鼠标（图3-110），实现工作路径的释放和隐藏；放大完成后的右上角可以仔细观察描边路径的结果，如图3-111所示。

图3-110　　　　　　　　　　图3-111

　　步骤7：放大局部以方便观察和编辑屏幕下方的按键部分，在路径下方只有用单色前景色完成路径填充的按钮，要对如图3-112所示的圆形路径填充渐变色就需要首先将路径转换为选区，单击路径窗口下方的将路径作为选区载入按钮以完成这一目的。

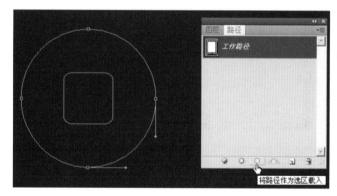

图3-112

　　步骤8：同步骤2，在图层窗口新建图层3，单击工具箱中的渐变填充工具，在属性栏中可见缺省设置情况下的前景色与背景色的线性渐变类型（图3-113），在图层3中从下往上拖拉后获得如图3-114所示结果。

图3-113

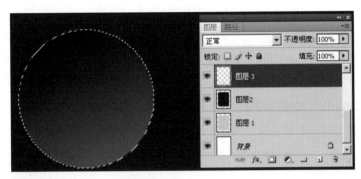

图3-114

步骤9：继续进入路径窗口选择按键中的圆角矩形路径，参考步骤5，在新建图层4上完成该路径的画笔描边效果（图3-115）。

步骤10：双击工具箱中的缩放工具，在软件的窗口中观察整体的产品形，接下去表现产品屏幕部分，以其显示一张图片来表现。在Photoshop中打开一张广告图片，并复制粘贴入ipad文件中，按下Ctrl+T键，将图片缩放到合适大小后确认完成（图3-116）。

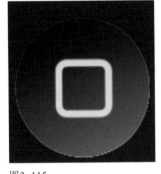

图3-115

图3-116

图片的大小依然比实际勾画的屏幕范围要大，下面的几个步骤就是要将多余的图片图像删除。

步骤11：使用工具箱中的直接选择工具，在路径窗口中选择屏幕显示部分的路径，单击窗口下方的将路径作为选区载入按钮，在窗口空白区域单击鼠标释放工作路径的选择（图3-117）。

步骤12：回到图层窗口，单击选择菜单中的反向，获取除屏幕以外的选区范围，工作图层依然选择是广告图片所在的图层，按下Delete键，删除屏幕外图像（图3-118）。

图3-117

图3-118

下面通过在产品表面添加白色反光图像来表现产品表面平滑光泽的效果：

步骤13：在路径窗口中将产品内侧轮廓路径转换为选区，回到图层窗口中，使用工具箱中的多边形套索工具，同时按下Alt键以删除左侧选区范围（图3-119）。

步骤14：选择工具箱中的渐变工具，在属性栏中单击可编辑渐变窗口（图3-120），在跳出的窗口中设置位置为0的色标为白色，不透明度为100%，位置为100的色标为白色，不透明度为0%，设置后的渐变效果如图3-121所示。

图3-120

图3-119

图3-121

步骤15：新建图层6，在当前的选区范围内从左向右下方拖拉（图3-122），完成半透明渐变填色效果（图3-123）。

步骤16：在图层窗口按下Shift键，将白色背景图层以外的所有图层选中，单击窗口下方的链接图层按钮（图3-124），图层链接后按下Ctrl+E键，将所有链接合并为一个图层。

图3-122

图3-123

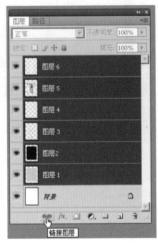

图3-124

步骤17：将合并后的图层拖拉到窗口下方的创建新图层按钮处释放，获得新的图层6副本图层（图3-125）。

步骤18：选择图层6，单击编辑菜单变换中的垂直翻转，并使用工具箱中的移动工具将其移动到副本图像的下方，继续使用工具箱中的矩形选框工具选择图层下方的图像，在选择菜单修改中的羽化设置羽化半径为200像素，对完成羽化后的选区范围按下Delete键，删除图像后结果如图3-126所示。

图3-125

图3-126

第4章 光影与质感表现

产品外观效果视觉表现的优劣，很大程度上取决于表面材质的合理体现，夸张的表现与事实不符，表现不到位的又不能很好地把产品表达清楚。

因为材质的不同，产品表面反射光的效果也就不同，所以，可以通过一些特殊效果来表现产品的质感和受光后的效果。

4.1　CorelDRAW中的基本知识点

4.1.1　交互式调和工具的运用

在CorelDRAW软件中可以使用调和工具（图4-1）表现产品复杂的渐变混合效果。

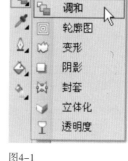

图4-1

知识点1：形与形的调和

调和工具可以实现不同形之间的渐变变化，首先绘制两个不同圆形，如图4-2所示，去除两图形的轮廓线，对大圆单色填充红色，对小椭圆填充从白色到黄色的双色线性渐变，使用工具箱的调和工具，在两图形间拖拉（图4-3），获得调和后如图4-4所示结果。

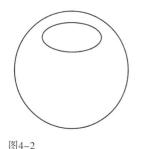

图4-2

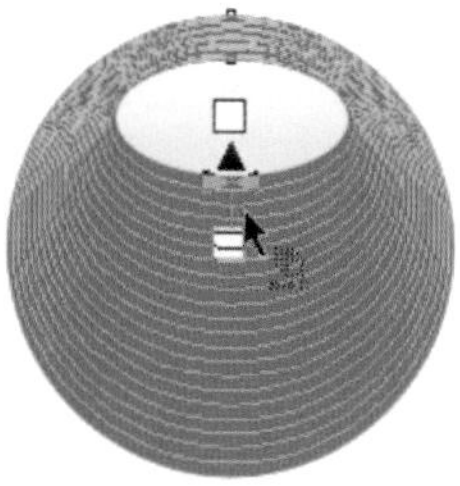

图4-4

图4-3

知识点2：线与线的调和

使用工具箱的手绘工具绘制一条波浪曲线，原位复制（Ctrl+C），粘贴（Ctrl+V）后设置线的颜色为白色，在属性栏中分别将两条线的轮廓宽度设置为5mm和0.5mm（图4-5）。

图4-5

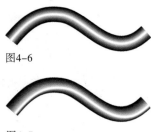

图4-6

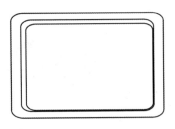

图4-7

使用工具箱的调和工具，在两线形间拖拉，获得调和结果（图4-6）。

单独选择中间的白色线形并移动，获得不同的调和结果（图4-7）。

知识点3：色彩与色彩的调和

在产品的效果表达中，常常需要表现特殊的阴影和渐变效果，工具箱的渐变工具不能完全满足在所有情况下的需求，所以就需要使用调和工具来辅助表现色彩的渐变调和。

使用工具箱的矩形工具，绘制三个圆角矩形（图4-8）。

使用工具箱的填色工具，分别完成单色和渐变填色，其中中间的黑色矩形就是为调和后表现出橙色屏幕凹陷的效果而制作的（图4-9）。

使用工具箱的调和工具，将黑色矩形与橙色渐变矩形调和，获得如图4-10所示的结果。

图4-8   图4-9   图4-10

知识点4：调和后图形的修改编辑

调和后的图形可以通过属性栏中的相关设置（图4-11），达到理想的结果。

图4-11

图4-12

图4-13

如选择图4-4的调和图形调整调和的步长数值 🔲 为2，结果如图4-12所示；继续调整颜色为顺时针调和 🔲 ，并调整对象和颜色的加速方向 🔲 ，并按下加速调和时的大小调整按钮 🔲 ，结果如图4-13所示。

使用手绘工具绘制一自由曲线（图4-14），选择图4-4的调和图形，并单击路径属性 🔲 中的新路径，将箭头指向曲线并单击确认（图4-15），最后勾选杂项调和选项 🔲 下的沿全路径调和，完成后的调和结果如图4-16所示。

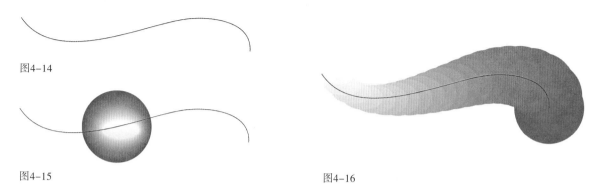

图4-14

图4-15

图4-16

4.1.2　交互式轮廓工具的运用

使用工具箱中的交互式轮廓工具（图4-17），可以沿图形轮廓向内向外生成新的图形。

图4-17

在产品绘制的过程中，常常在要表现产品的边缘倒角的时候，采用颜色渐变或调和的方式来体现，但是由于产品轮廓的形大多数情况下不是正圆、正方等图形，无法直接通过渐变填充来表现产品的立体效果，如图4-18和图4-19所示的产品轮廓，希望表现立体感就可能会考虑按下Shift键，向中心等比例缩放并复制轮廓后，使用调和的方式进一步实现立体的效果。

但在实际操作中发现，由于形态的关系，虽然实现了向图形中心的等比例缩放，但是无法获得均匀的边线，如图4-20矩形的上下边的间距大于左右边的间距，图4-21图形凹陷的地方的间距小于其他的部分，解决这一问题就需要使用工具箱中的交互式轮廓工具（图4-17）。

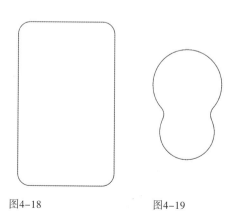

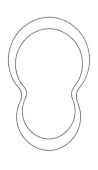

图4-18　　　　　图4-19　　　　　　　　　图4-20　　　　　图4-21

知识点1：交互式轮廓工具的使用

　　选择需要添加轮廓的图形，使用工具箱中的交互式轮廓工具，在图形上向内或向外拖拉获得缺省设置下的向内或向外的轮廓图形，可以发现轮廓工具能帮助获得与原图形相同形态的大小缩放的新图形（图4-22、图4-23）。

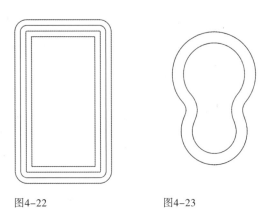

图4-22　　　　　　　　图4-23

知识点2：轮廓图形的修改编辑

　　在轮廓图形的添加之后，就需要通过属性栏的相关属性（图4-24）来获得理想的轮廓效果。

图4-24

　　选择图4-19图形，使用交互式轮廓工具拖拉出轮廓图形后，在属性栏设置不同参数获得如图4-25到图4-28所示的不同结果，其中图4-25和图4-26，原图形为单色填充黄色Y100，图4-27原图形为M100和C100的双色线性渐变填充，图4-28原图形为单色填充K10；四个图形的轮廓线均为无；四个不同结果的属性栏参数设置分别从上到下为图4-29所示。

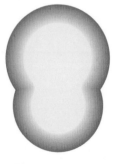

图4-25　　　　　图4-26　　　　　　　图4-27　　　　图4-28

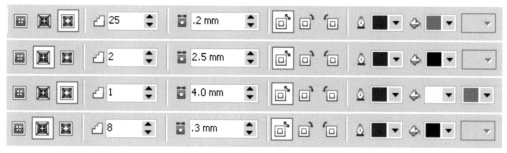

图4-29

知识点3：效果的复制

在使用工具箱的各个交互式工具的过程中，其他图形对象希望获得相同的结果，可以使用效果菜单中复制效果下的各效果来完成，如选择图4-18的圆角矩形，单击效果菜单中复制效果下的轮廓图自，将出现的箭头指向图4-28所示图形并单击确认后，结果如图4-30所示；去除原圆角矩形轮廓线，并单色填充黑色，在属性栏中设置向内生成的轮廓物体填充色为K10后，调整图4-28与图4-31的前后位置与大小，结果如图4-32所示。

图4-30　　　　　　　　图4-31　　　　　　　　图4-32

4.1.3　交互式阴影工具的运用

产品中许多高光点以及细腻的产品转折面，需要通过柔和的渐变来表现，前面讲解的调和轮廓工具已可辅助完成许多这方面的效果表达，但可以发现，越细腻的效果，需要生成的图形对象就要增加，文件大小剧增的同时增加了计算机负荷从而降低运算速度，适得其反地使CorelDRAW失去作为矢量图形软件文件小运算速度快的优势，使用交互式阴影工具（图4-33）可以相对局部地解决这一问题。

知识点1：交互式阴影工具的使用

选择需要添加阴影的图形，使用工具箱中的交互式阴影工具，从图形向外拖拉产生出阴影效果，不同的拖拉起点获得不同的阴影结

图4-33

果，如图4-34到图4-36所示。

图4-34   图4-35   图4-36

知识点2：阴影效果的修改编辑

添加后的阴影效果通过进一步对属性栏中各参数的设置（图4-37），达到最后如图4-38到图4-40所示结果；各图形的阴影属性栏参数设置分别从上到下为图4-41所示。

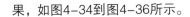

图4-37

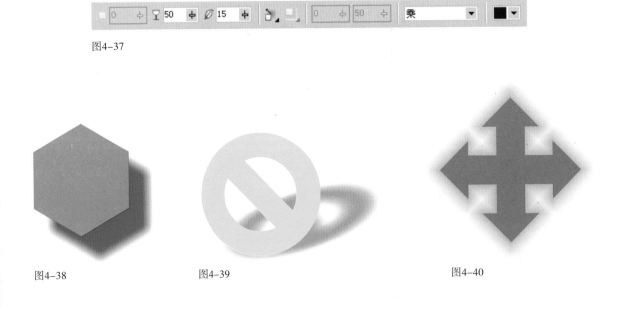

图4-38   图4-39   图4-40

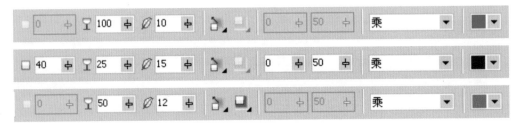

图4-41

知识点3：效果的拆分

在使用工具箱的各个交互式工具后，如果希望获得效果后而不保留原图形，可以通过使用排列菜单中的打散……来实现，如打散调和群组、打散轮廓图群组等，实现调和和轮廓物体与原图形的分离。

将椭圆形工具绘制的圆形转换为曲线后，使用工具箱中的形状工具调整节点获得的水滴图形，将图形的轮廓线设置为1mm，去除填充色。

使用工具箱中的交互式阴影工具，对这一水滴线形拖拉出阴影，在属性栏中设置如图4-42所示相关参数后，结果如图4-43所示。

图4-42

图4-43

选择添加阴影后的图形，单击排列菜单中的拆分阴影群组，将生成的蓝色阴影与原水滴线形分离，选择分离开的蓝色阴影（图4-44），单击效果菜单中的图框精确剪裁中的放置在容器中，将出现的箭头指向水滴线形，完成后结果如图4-45所示。

去除图形的轮廓黑线（图4-46），缩放并复制图形，叠加后结果可见水滴图形具有通透的透明质感（图4-47）。

图4-44 　　　　图4-45 　　　　图4-46 　　　　

图4-47

4.1.4 交互式透明工具的运用

在产品质感的表现中，经常会遇到表现光滑玻璃与金属等表面对于光线的反光效果，反光效果的正确处理以及恰当的表达将有助于提升产品效果的视觉表现。

在CorelDRAW中，简单又有效地表现产品表面的受光效果，将较多使用到工具箱中的交互式透明工具（图4-48）。

知识点1：交互式透明工具的使用

选择需要添加透明效果的图形（图4-49），使用工具箱中的交互式透明工具，在图形上拖拉产生出线形的透明效果（图4-50）；其中拖拉的起点是透明开始的位置，释放的位置为完全透明的地方。

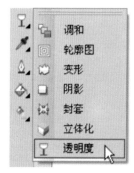

图4-48

图形透明的效果需要在图形与图形叠加的情况下才比较明显（图4-51）。

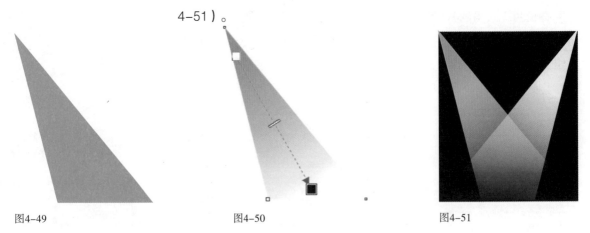

图4-49　　　　　　　　图4-50　　　　　　　　图4-51

知识点2：透明效果的修改编辑

交互式透明工具的类型和填充工具的类型基本一致，拖拉出的为线形透明效果，在属性栏的下拉中可以看到其他类型的透明效果（图4-52），选择不同的类型可以实现转换。

图4-52

单击类型前的编辑透明度 跳出的窗口与渐变填充相同（图4-53）；透明度仅以灰阶梯表现透明的程度，白色为不透明，黑色为完全透明，灰度为半透明。

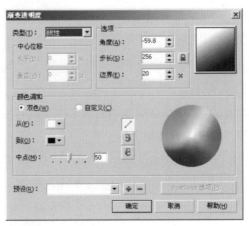

图4-53

为表现产品的受光面和阴影面，会在产品原结构图形上添加新图形并修改透明度后表现产品的实际质感，下面以一个播放按键的绘制来举例说明：

使用矩形工具绘制两圆角矩形（图4-54）。

分别去除轮廓线形并单色填充深蓝色C100M100和C100与白色的双色渐变（图4-55）。

使用调和工具使两物体产生调和结果（图4-56）。

绘制三角形并输入文字，相同的图形内容错位复制后，分别填充黑色、白色和绿色（图4-57）。

使用手绘和形状工具绘制一白色图形（图4-58）。

使用工具箱中的交互式透明工具在白色图形上拖拉（图4-59）。

增加白色半透明渐变图形后，播放按键有了更具光泽的表面质感（图4-60）。

知识点3：效果的删除

在使用工具箱的各个交互式工具的过程中，属性栏中的效果删除按钮 ⊘ 可以实现当前效果的快速删除。

如选择图4-60中的白色半透明渐变图形，单击工具箱中的交互式透明工具，在显示出的透明属性栏中（图4-61）单击最后端的删除按钮，图形将失去透明渐变效果，回到图4-58所示状态。

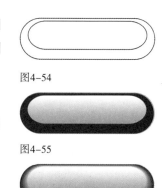

图4-54

图4-55

图4-56

图4-57

图4-58

图4-59

图4-60

图4-61

4.2 CorelDRAW中的实际范例

4.2.1 交互式透明工具的灵活运用——液晶电视的质感表达

在第3章中，通过不同的色彩填充完成了液晶电视基本立体效果的表达（图4-62），在本章中将通过运用交互式透明工具来实现更细腻的质感表达。

步骤1：使用工具箱中的手绘工具在原图形上绘制多边形，并单色填充黑色（图4-63）；使用工具箱中的交互式透明工具在图形上从上向左下方拖拉（图4-64）。

图4-62

图4-63

图4-64

图4-65

步骤2：群组所有图形，按下Ctrl键向下垂直移动并单击鼠标右键复制，单击属性栏中的垂直镜像按钮，将复制后的群组物体垂直翻转（图4-65）。

步骤3：选择下面的反向群组物体，使用工具箱中的交互式封套工具，全选所有节点，单击属性栏中的转换曲线为直线按钮，移动节点如图4-66所示。

步骤4：单击位图菜单中的转换为位图，将图形转换为位图，使用工具箱中的交互式透明工具在位图上，如图4-67所示拖拉。

步骤5：添加背景矩形框，填充渐变色后完成液晶电视的质感表达。

图4-66

图4-67

图4-68

图4-69

4.2.2　效果工具的综合运用——不锈钢电水壶的质感表达

在CorelDRAW中表现产品的材料质感，经常需要综合地运用前面讲到的各种效果工具，下面以一款Philips的不锈钢电水壶的质感表现来说明。

步骤1：使用工具箱中的手绘工具和形状工具绘制电水壶的基本外形轮廓（图4-69）。

步骤2：使用工具箱中的填充工具下的均匀填充和渐变填充，将产品的各个部分基本填充合适的颜色如图4-70所示。

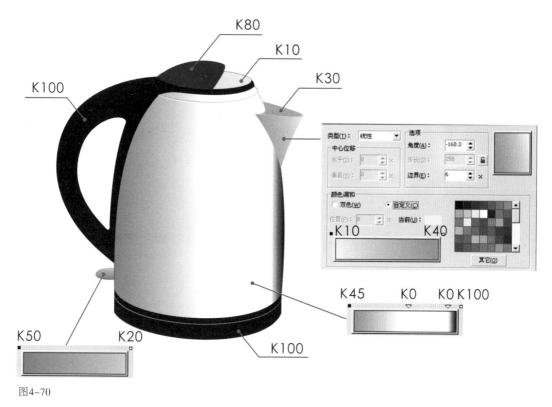

图4-70

下面通过交互式调和工具表现壶身的不锈钢质感：

步骤3：将壶身图形水平缩放，并为使其上下边缘与底座和壶盖等部分形态吻合，可以分别使用底座和壶盖等部分的图形修剪其上下边缘，获得新的图形后，水平线性填充后如图4-71所示。

图4-71

图4-72

步骤4：去除图形的黑色轮廓线，使用交互式调和工具，拖拉图形将其与壶身外轮廓获得调和结果（图4-72）。

步骤5：使用手绘和形状工具，参考壶身外轮廓的弧度在壶身中绘制曲线图形（图4-73）；

左右缩放并复制曲线图形两次，并分别为最外侧图形、中间图形以及最内侧图形单色填充K20、K44和K0（图4-74）；

使用交互式调和工具在三个图形间实现两次调和结果，分别为最外侧图形与中间图形的调和，以及中间图形与最内侧图形间的调和（图4-75）。

图4-73

图4-74

图4-75

图4-76

步骤6：在壶身的右侧绘制细长曲线图形，使用交互式阴影工具拖拉出如图4-76所示的黑色阴影；

单击排列菜单中的取消阴影群组，将阴影与原图形分离，删除原图形；

选择阴影形，单击位图菜单的转换为位图，勾选透明背景选项（图4-77）；

使用交互式透明度工具在阴影位图上从下向上拖拉（图4-78）；

同样的方法在壶身的左侧表现不锈钢材质的黑色暗影图形（图4-79）。

步骤7：在壶身质感表现出的黑白渐变基础上，选择壶底盘的图形，并实现K30到K100间的颜色水平线性渐变效果（图4-80）；

渐变效果后为表现壶底部的细小的转折，可通过在底盘上获得底边细小的窄条图形后来表现，使用交互式透明度工具，设置透明类型为标准，设置透明参数，完成壶底部的黑色边线效果。

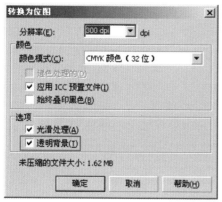

图4-77

图4-78　　　　　　　图4-79

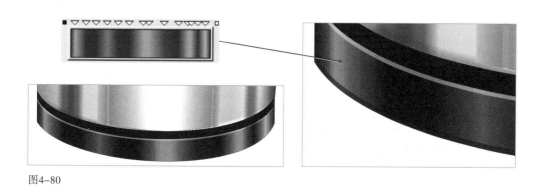

图4-80

下面以黄色壶底图形为例说明窄条图形的获得方法：

1. 选择壶底图形（图4-81）；

2. 按下Ctrl键，向上垂直移动并复制图形（图4-82），将复制后的图形填充绿色（图4-83）；

3. 选择绿色图形，单击排列菜单造形中的造形，在跳出的窗口中选择修剪，勾选保留目标对象；确定后将出现的箭头指向原黄色图形，完成修剪后获得下方的窄条图形（图4-84）。

步骤8：在壶盖部分的表现，通过新增图形并填充不同深浅的颜色（图4-85）。

步骤9：使用交互式调和工具分别在两左右个图形间拖拉，获得壶盖立体效果的体现（图4-86）。

步骤10：同步骤6的方法在壶盖顶部获得白色阴影形，并使用交互式透明度工具从左向右拖拉出表现高光的部分（图4-87），完成后结果如图4-88所示。

图4-81

图4-82

图4-83

图4-84

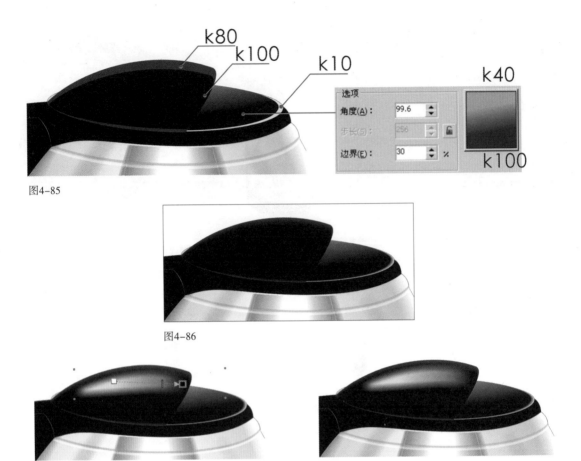

图4-85

图4-86

图4-87

图4-88

步骤11：壶把手立体感的表现通过灵活使用交互式透明度工具（图4-89）、阴影工具，以及调和工具来体现，综合调整新增图形并修改后的结果如图4-90所示。

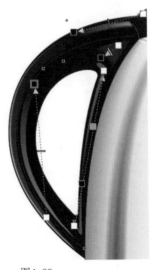

图4-89

图4-90

步骤12：首先使用手绘工具和形状工具在壶嘴的三个部分（图 4-91）之上分别获得三个辅助图形（图4-92）。

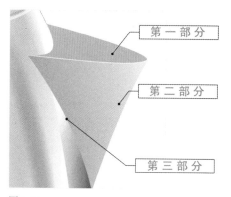

第一部分
第二部分
第三部分

图4-91

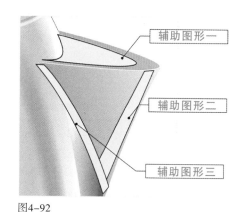

辅助图形一
辅助图形二
辅助图形三

图4-92

步骤13：同步骤6，使用交互式阴影工具分别拖拉三个辅助图形获得白色、灰色和白色的阴影，分离图形与阴影后删除辅助图形（图4-93）；最后使用交互式透明度工具拖拉后表现壶嘴的立体质感（图4-94）。

图4-93

图4-94

步骤14：同上两个步骤，在壶身左下角表示电源开关的部件上添加辅助图形（图4-95）；使用交互式阴影工具获得白色阴影形，交互式透明度工具拖拉后表现开关的受光质感（图4-96），结果如图4-97所示。

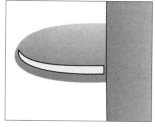

图4-95

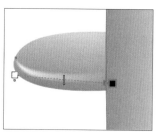

图4-96

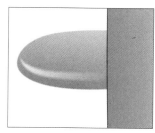

图4-97

步骤15：接下去表现壶身中间显示水位的部分，首先使用手绘工具和形状工具绘制曲线图形（图4-98）；

按下Ctrl键的同时水平移动图形并单击右键复制图形，单击属性栏中的水平镜像按钮翻转图形后结果如图4-99所示；

同时框选两图形，并单击属性栏中的结合按钮，将独立的两图形合并为一个图形，使用工具箱中的形状工具，分别框选上下两段开口的两个节点后（图4-100），单击属性栏中的连接两个节点按钮（图4-102），实现节点的合并，完成后如图4-101所示。

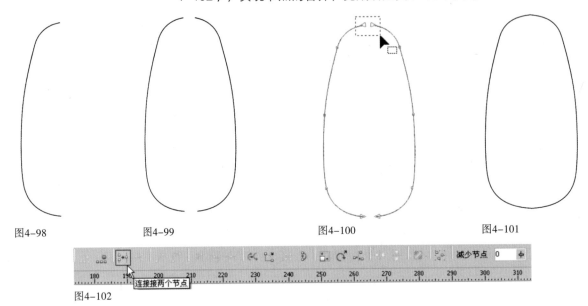

图4-98　　　　　图4-99　　　　　图4-100　　　　　图4-101

图4-102

步骤16：使用工具箱中的交互式轮廓图工具，拖拉出上一步骤完成图形的6个轮廓图形（图4-103）；

单击排列菜单的打散轮廓图群组后，分别填充各个图形，其中中间的图形填充如图4-104所示，完成后结果如图4-105所示。

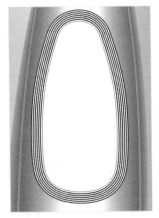

图4-103

图4-104

图4-105

步骤17：使用工具箱中的文字工具，输入显示文字信息（图4-106）；

全选所有文字并单色填充K30，使用工具箱中的缩放工具，放大显示文字（图4-107）；

将文字向左上角偏移一小段距离并复制，将复制后的文字单色填充白色（图4-108）；

通过这个双层文字的错位和不同的颜色表现出细微的立体效果，完成后结果如图4-109所示。

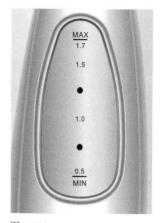

图4-106

图4-107　　　　　　　　　　图4-108

通过以上的各个步骤，完成后的电水壶的产品效果图如图4-110所示；灵活掌握并使用CorelDRAW中的各个效果工具，可以完成各种复杂质感和产品效果的表现。

图4-109

4.3　Photoshop中的基本知识点

4.3.1　图层样式的灵活运用

在Photoshop中图层窗口中图层样式的灵活运用，将快速地表现出产品的光影与质感。

打开Photoshop软件，建立新文件，参数设置如图4-111所示。

图4-110

图4-111

新建图层1，设置前景色为蓝色，使用工具箱中的圆角矩形工具绘制一图形（图4-112），单击图层窗口下的添加图层样式按钮，打开图层样式窗口（图4-113）；

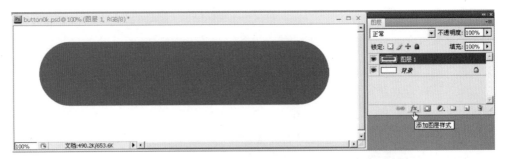

图4-112

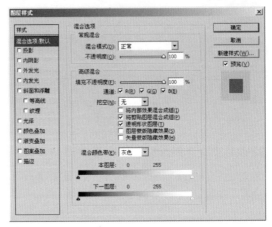

图4-113

在图层样式窗口中，可见10种不同的混合选项，可为当前图层中的图像添加不同的特效效果。

知识点1：阴影等各图层样式的表现

单击以勾选左侧的投影选项，在窗口中显示各调节内容，设置距离、大小和颜色等参数后（图4-114），可在右侧预览窗口和实际窗口中看到效果添加后的结果；

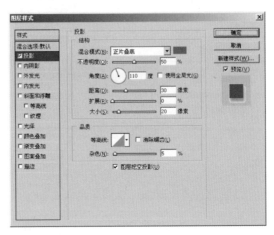

图4-114

继续添加内阴影（图4-115）、外发光（图4-116）、内发光（图4-117）、斜面和浮雕（图4-118）、颜色叠加（图4-119），以及光泽（图4-120）等混合选项后，图层1的结果如图4-121所示，具有立体透明质感的效果。

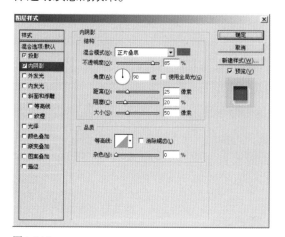

图4-115

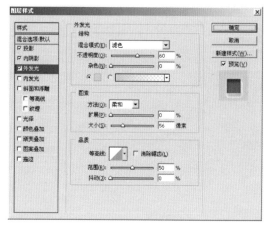

图4-116

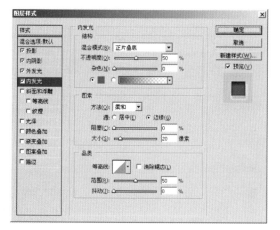

图4-117

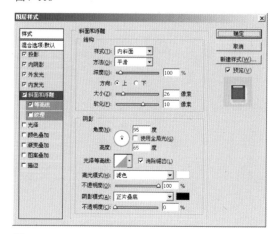

图4-118

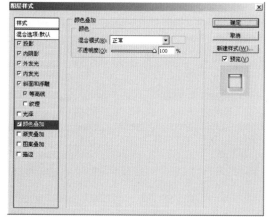

图4-119

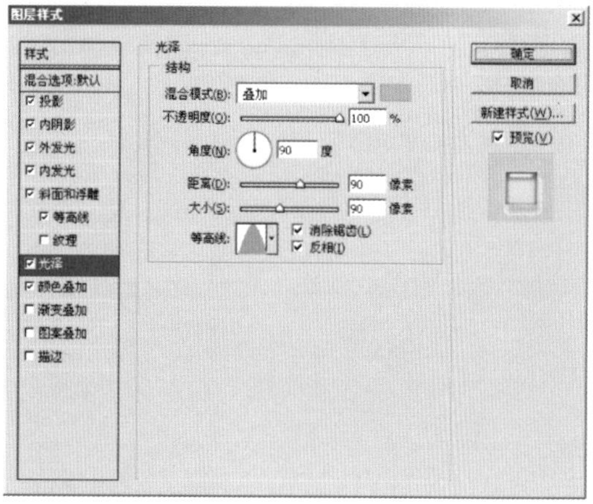

图4-120

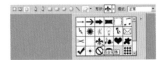

图4-122

图4-123

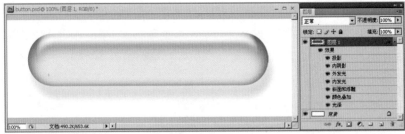

图4-121

知识点2：图层样式的复制与粘贴等基本编辑操作

通过各效果参数设置编辑后的图层样式，可以通过复制粘贴的方式增加到其他图层上，从而大大减少了重复设置的麻烦；

在图层1中单击鼠标右键，点击展开菜单中的拷贝图层样式（图4-122），完成图层样式的复制；

新建图层2，使用工具箱中的自定义形状工具，属性栏中设置需要的形状（图4-123），在图层2中绘制新图形，继续在图层2中单击鼠标右键，点击展开菜单中的粘贴图层样式（图4-124），结果如图4-125所示；

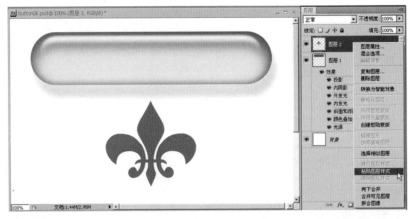

图4-124

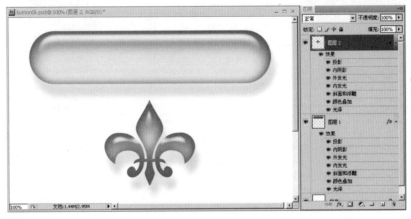

图4-125

由于图层中图像形状的不同，相同图层样式的结果并不能完全符合要求，可以在复制的效果上单击鼠标，在弹出的窗口中将部分参数的数值调小后，使图层2的效果得到改善，结果如图4-126所示。

图4-126

知识点3：图层样式的保存

反复调整参数设置好的一个图层样式，如果希望永久保存，以备今后再表现相同材质质感时调用，就需要在图层样式窗口中单击右侧的新建样式按钮，在跳出的窗口中设置样式名称（图4-127）后单击确定即可；

今后只要打开图层样式窗口，单击左侧的样式，就可以看见并调用保存后的样式了（图4-128）。

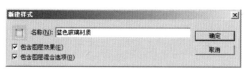

图4-127

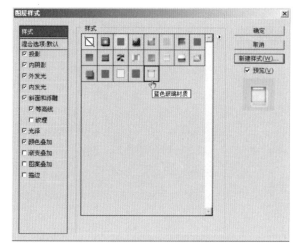

图4-128

4.3.2 滤镜菜单的运用

在Photoshop中，滤镜菜单中有许多特效滤镜（图4-129），也可通过安装外挂滤镜添加更多的滤镜特效，灵活使用一个或多个滤镜菜单的命令，能模拟表现出许多物体的材质，如金属拉丝、木纹、皮革、塑料等产品表面的质感。

知识点1：单个滤镜效果的运用

打开Photoshop软件，建立新文件，参数设置如图4-130所示；

将背景图层单色填充C36M43Y100K0（图4-131）；

单击滤镜菜单中纹理下的龟裂缝，在跳出的窗口中设计纹理的间距、深度和亮度等参数（图4-132），确定后结果如图4-133所示；

单击图像菜单中调整下的色相/饱和度，调节色相下的滑动块（图4-134），从而改变图像色彩，实现相同纹理不同色彩皮革的质感表现（图4-135）。

图4-129

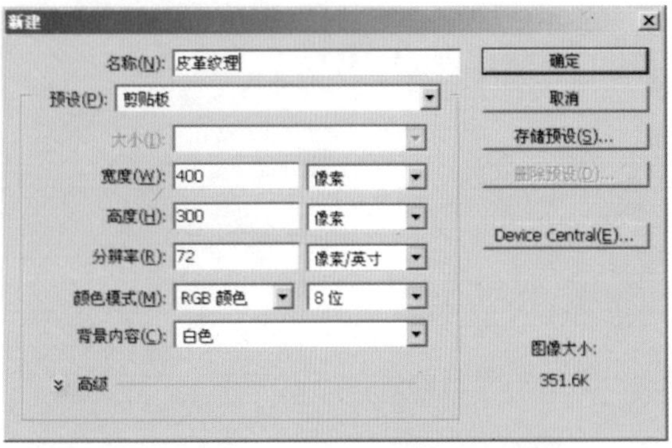

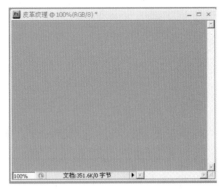

图4-130

图4-131

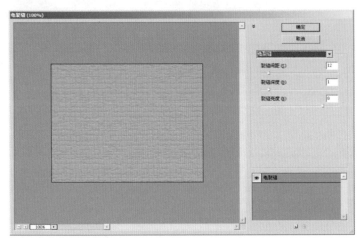

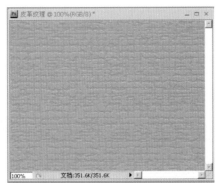

图4-132

图4-133

图4-134

图4-135

知识点2：多个滤镜效果的综合运用

在Photoshop中，很多优秀的材质表现是无法通过一个滤镜本身的参数调整来实现的，而是需要通过灵活运用多个滤镜命令来完成。

同上一案例建立文件，并单色填充K50，图像如图4-136所示。

单击滤镜菜单中杂色下的添加杂色，设置数量为20%，分布中选择高斯分布，勾选窗口下方的单色，在窗口中可以预览此滤镜添加后的结果（图4-137）；

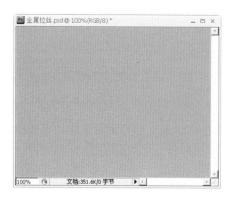

图4-136

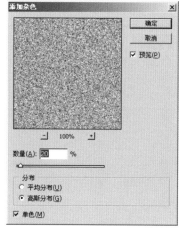

图4-137

完成后图像如图4-138所示。

单击滤镜菜单中模糊下的动感模糊，设置角度为0，距离为65像素，模拟水平模糊的效果（图4-139）；

完成后图像如图4-140所示。

单击图像菜单中调整下的色阶，分别调节输入色阶窗口下的左右滑块，以增加图像黑白对比度（图4-141），完成后图像如图4-142所示。

图4-138

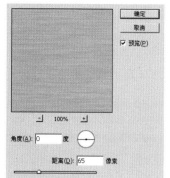

图4-139

图4-140

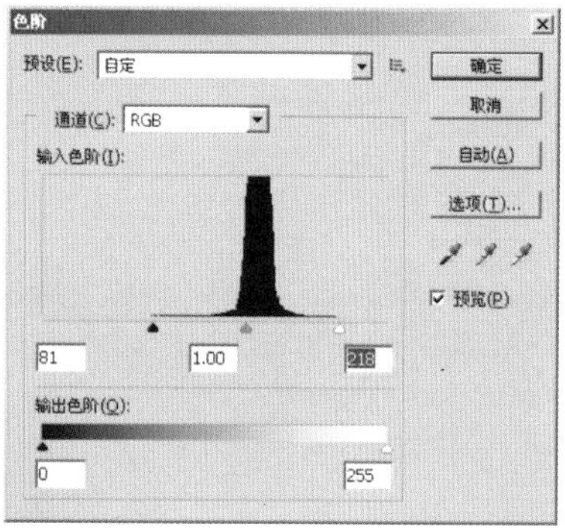

图4-141

按下Ctrl+A键全选所有图像，继续按下Ctrl+T键，出现图像变形控制框，配合Alt键左右对称拉伸图像，以隐藏左右两端色彩不统一的图像（图4-143）；

单击图层窗口下方的创建新的填充或调整图层（图4-144），选择其中的色相/饱和度（图4-145）。

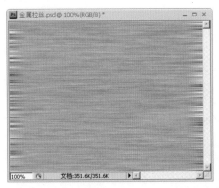

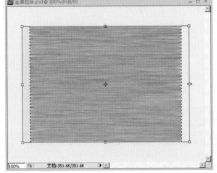

图4-142　　　　　　　　图4-143　　　　　　　　图4-144

图4-145

　　勾选跳出窗口中的着色，调整色相和饱和度滑块，将当前的灰色金属拉丝效果表现为其他的色彩质感（图4-146）。

图4-146

4.3.3　通道的运用

　　在Photoshop中，通道分为存储颜色的色彩通道以及为获取选区的Alpha通道，打开图片文件后，在通道窗口中可见一个RGB色彩混合通道以及红、绿和蓝三个色彩通道（图4-147）。

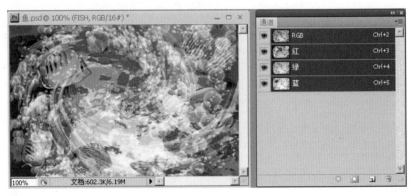

图4-147

知识点1：通道的新建

在通道下方单击创建新通道按钮，将添加新的Alpha通道（图4–148），Alpha通道的合理运用有助于在产品表现中获取特殊选区以实现特殊效果。通道只显示黑白灰的灰阶模式图像，转换为选区范围的时候，黑色为无选择，白色为完全选择，灰色根据亮度的大小表现出选择的多少。

知识点2：通道的修改

新建的通道均为黑色图像，设置前景色为白色，使用工具箱中的文字工具添加文字（图4–149）。

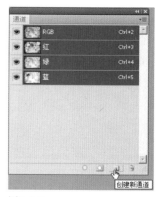

图4–148

图4–149

拖动Alpha1通道到创建新通道按钮，复制出三个相同的通道副本。

选择Alpha1副本为当前工作通道，向右下角移动选区如图4–150所示。

图4–150

单击选择菜单中修改中的羽化，设置羽化半径为5个像素；在工具箱中设置背景色为黑色，按下Del键，结果如图4–151所示。

选择Alpha1副本2为当前工作通道，单击窗口下方的将通道作为选区载入（图4–152）。

同上的方法，将选区范围向左上角移动后羽化选区并填充黑色（图4–153）；

图4-151

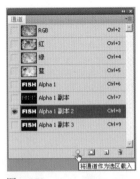

图4-152

图4-153

图4-154

　　释放选区范围，选择Alpha1副本3为当前工作通道，单击滤镜菜单中模糊中的高斯模糊（图4-154）。

　　完成后通道如图4-155所示。

　　选择Alpha1为当前工作通道，单击窗口下方的将通道作为选区载入（图4-156）。

图4-155

图4-156

　　回到Alpha1副本3通道中，黑色填充当前载入的选区（图4-157）。

　　释放选区范围，单击图像菜单中调整中的亮度/对比度，将数值调到最大，使画面中的白色区域更加明显（图4-158）。

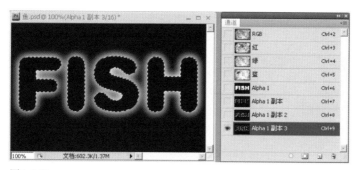

图4-157

图4-158

知识点3：通道转换为选区

完成通道的编辑后，就需要将通道转换为选区，从而对图层中的图像实现进一步的操作， 选择Alpha1副本为当前工作通道，单击窗口下方的将通道作为选区载入（图4-159）。

单击通道窗口中的RGB混合通道，打开图层窗口，选择背景图层，可见通过编辑后的通道转换为选区后的特殊选区范围（图4-160）。

图4-159

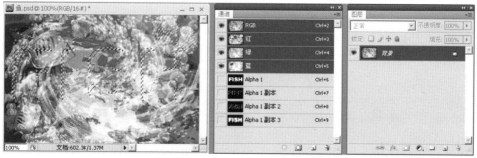

图4-160

单击图像菜单中调整中的亮度/对比度，移动亮度滑块到最大值（图4-161）将当前选区范围调亮。

同以上方法，将Alpha1副本2通道转换为选区后，移动亮度滑块到最小值（图4–162）将当前选区范围调暗。

图4–161

图4–162

通过两个通道转换的选区范围不同亮度的调节实现了图像中立体化文字的效果。

单击工具箱中的渐变工具，设置属性栏中的渐变填色如图4–163所示。

图4–163

选择Alpha1副本3为当前工作通道并转换为选区，选择背景图层，拖拉后实现当前选区范围的渐变色填充，表现出彩色发光的字体效果（图4–164）。

灵活使用Alpha通道可以获取更加复杂的选区范围，从而实现图层中图像更丰富的效果表现（图4–165）。

图4–164

图4–165

4.4 Photoshop中的实际范例

4.4.1 图层样式的灵活运用——金属按键的表现

下面通过对一部手机金属按键的表现来体现对于图层样式的灵活运用。

步骤1：在CorelDRAW文件中绘制基本图形后，导出为jpg格式文件，然后进入Photoshop软件中打开（图4-166）。

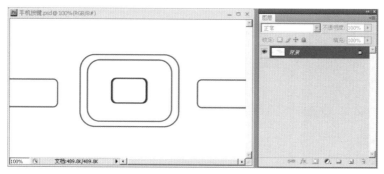

图4-166

新建"黑屏"图层，设置前景色和背景色分别为C65M65Y55K10和C90M90Y85K75，使用工具箱中的直线渐变工具填充图层（图4-167）。

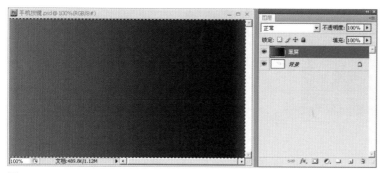

图4-167

步骤2：单击"背景"图层使其成为工作图层，使用工具箱中的魔术棒工具，配合shift键，选择两侧按键的选区范围（图4-168）；

单击"黑屏"图层使其成为工作图层，按下Ctrl+C键，复制当前图层中的图像（图4-169）；

按下Ctrl+V键，粘贴图像到新图层中，将新图层的名称改为"两侧按键"（图4-170）。在Photoshop 软件中可以通过对图层改名或成组的方式管理复杂的多个图层。

对当前的图层添加斜面与浮雕的样式，参数设置如图4-171所示，完成后结果如图4-172所示。

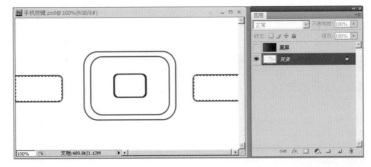

图4-168

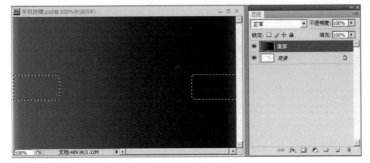

图4-169

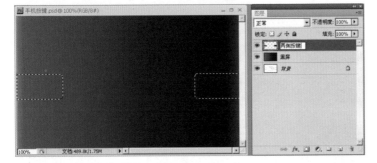

图4-170

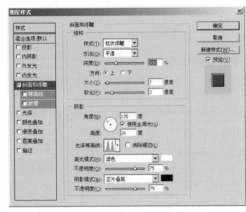

图4-171

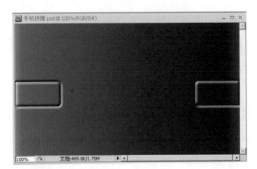

图4-172

步骤3：继续在"背景"图层获取环状矩形按键框选区范围，新建"金属框"图层并单色填充C8M11Y57K0（图4-173）。

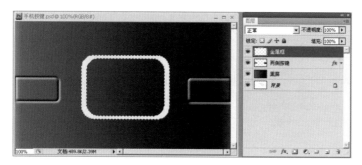

图4-173

对当前的图层添加斜面与浮雕的样式，参数设置如图4-174所示。

步骤4：新建"拨号键和关机键"图层，分别获得框形选区并单色填充绿色和红色（图4-175）。

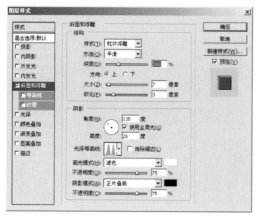

图4-174

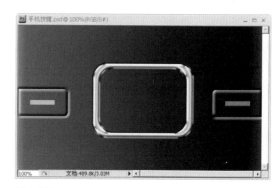

图4-175

步骤5：鼠标右键单击"金属框"图层并拷贝图层样式（图4-176），鼠标右键单击"拨号键和关机键"图层并粘贴图层样式（图4-177），结果如图4-178所示。

步骤6：在"背景"图层获取圆角矩形选区，并在新建"ok键"图层上，单色填充C8M11Y57K0；设置图层样式参数如图4-179，结果如图4-180所示。

步骤7：使用工具箱中的文字工具 T 输入字母"OK"，复制"ok键"图层样式到此图层之上后，结果如图4-181所示。

步骤8：在"背景"图层获取凹陷的环状选区后，新建"凹槽"图层，使用工具箱中的渐变填充工具，在属性栏中设置渐变类型为角度

图4-176

图4-177 图4-178

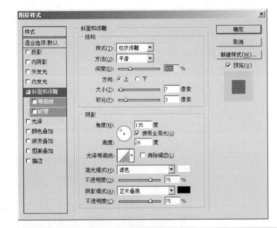

图4-179

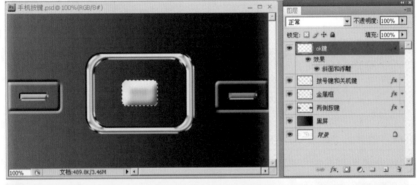

图4-180

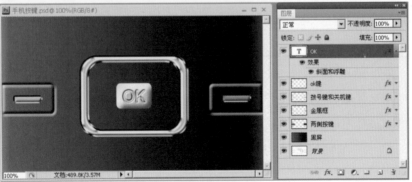

图4-181

渐变（图4-182）；点击可编辑渐变窗口（图4-183），在跳出的窗口
中设置参数如图4-184所示；

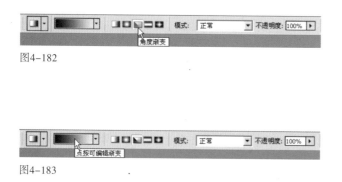

图4-182

图4-183

图4-184

从ok键中心水平向右拖拉（如图4-185），完成此区域的渐变填
充，结果如图4-186所示。在此过程中如填充的结果不满意，可重复编
辑渐变编辑器中各色彩控制点的位置和该位置上的颜色，以表现出理
想的对角凹陷的实际效果。

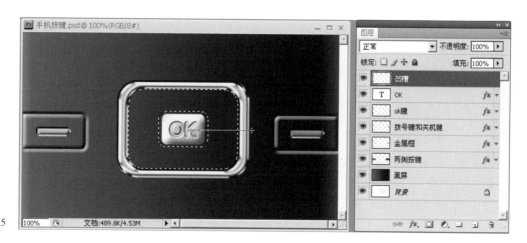

图4-185

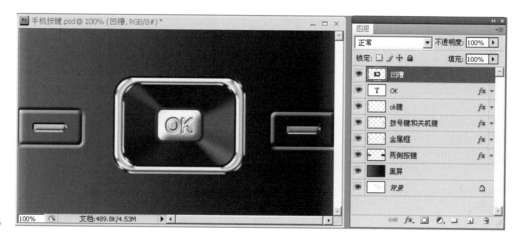

图4-186

第5章 产品设计视觉表达实例

5.1 CorelDRAW表达lotus汽车的侧面效果

下面通过对lotus汽车侧面效果图的表现来体现CorelDRAW表现产品效果的方法。

5.1.1 完成汽车基本轮廓的绘制

步骤1：打开CorelDRAW，使用工具箱中的手绘工具 ![工具图标]，绘制连续封闭的直线形（图5-1）。

步骤2：使用工具箱中的形状工具 ![工具图标]，框选所有节点后单击工作区上方属性栏中的转换直线为曲线工具（图5-2），分别调整每个节点两端的箭头获得如图5-3所示的曲线轮廓。

步骤3：同样的方法绘制出顶部车窗的轮廓（图5-4）。

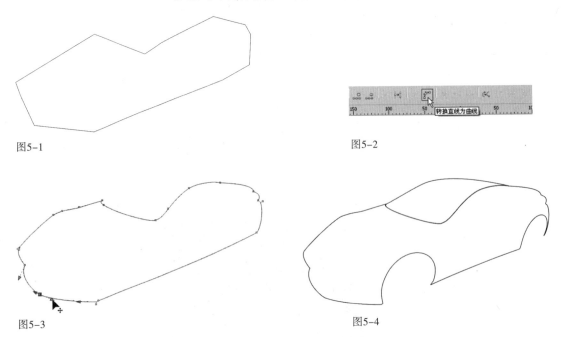

图5-1

图5-2

图5-3

图5-4

步骤4：继续绘制出车轮的轮廓（图5-5）。

新绘制的图形在原图形之上，可以通过单击右键，在顺序中选择合适的选项来调整图形之间前后的关系（图5-6）。

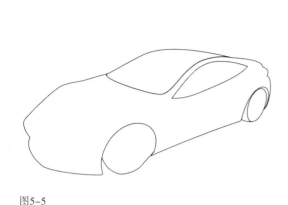

图5-5

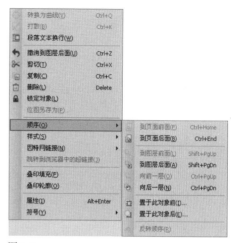

图5-6

步骤5：继续使用工具箱中的手绘工具 和形状工具 ，绘制车体上的更多细节（图5-7）。

在绘制的过程中遇到形与形之间有共用线形的时候，可以通过排列菜单下造形窗口中的修剪、相交等命令来实现形之间的编辑操作（图5-8）。

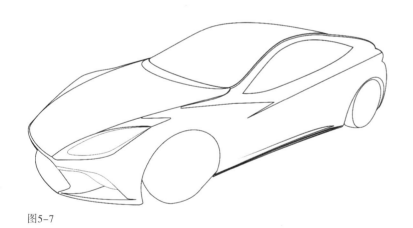

图5-7

图5-8

5.1.2 实现汽车车体的基本上色

步骤1：使用工具箱中的填充工具 下的均匀填充，填充车窗、轮胎、车灯等区域，由于此案例中车体颜色为黑白灰，RGB的数值相同，为直观了解各部分具体颜色，使用一个数值来表明，如标注60，指的是当前区域颜色为R60G60B60。

步骤2：使用工具箱中的填充工具 下的渐变填充，线性填充车身等区域（图5-9）。

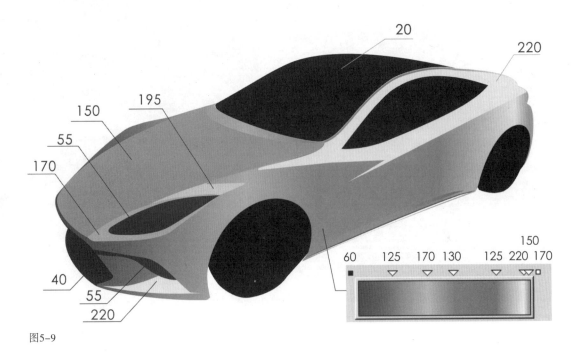

图5-9

步骤3：继续刻画并填充新的图形，以丰富车体细节（图5-10）。

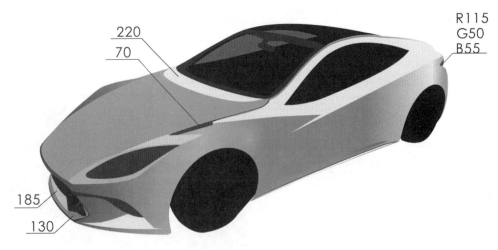

图5-10

步骤4：使用工具箱中的放大工具 🔍，放大显示车灯部分（图5-11）；

缩放并复制车灯图形，分别填充后表现出更丰富的细节部分（图5-12）；

向右下角偏移并复制车灯最外侧图形1，依次选择新复制图形和图形1后，单击属性栏中的修剪按钮 🔲，获得修剪结果填充白色，并删

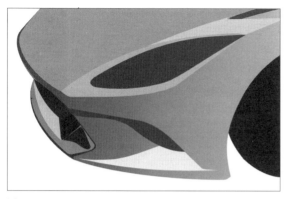

图5-11

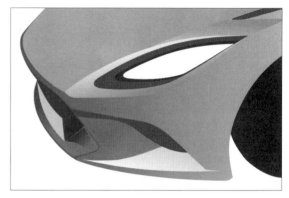

图5-12

除右下角的新复制图形（图5-13）；

　　使用工具箱中的交互式透明工具 ，在属性栏中选择射线类型，并单击编辑透明度按钮 ，设置从黑色到白色的调和， 对白色修剪结果完成如图5-14所示。

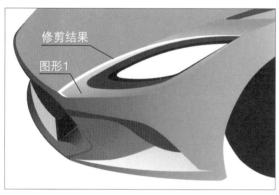

图5-13

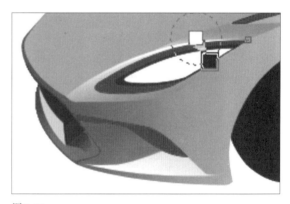

图5-14

　　步骤5：继续在车体和轮胎部分绘制并编辑新的图形 （图5-15）。

　　使用工具箱中的填充工具 下的渐变填充，线性填充各区域后结果如图5-16所示。

　　步骤6：进一步描绘车体上的细节线条区分车体各部分的功能，如表现出车门、车把手、雨刮器等部件（图5-17）。

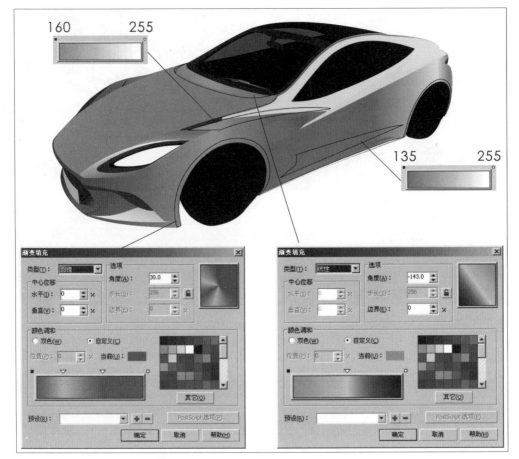

图5-15

图5-16

图5-17

5.1.3 表现汽车车体的高光质感

步骤1：白色填充前引擎盖（图5-18）；

在引擎盖上绘制编辑后获得新图形，渐变填充后结果如图5-19所示。

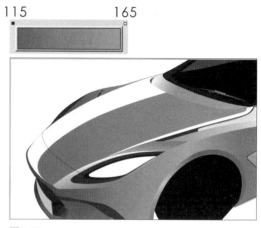

图5-18

图5-19

步骤2：使用工具箱中的交互式调和工具 ，在白色引擎盖和渐变新图形之间拖拉，实现调和结果；选择车头前细线，按下 Shift+PgUp将其调整到调和物体之前（图5-20）。

步骤3：按下F2键，放大显示窗前导水槽部分，在原图形上方绘制图形并编辑下段直线为图5-21所示曲线。

图5-20

图5-21

将新建图形与原导水槽部分相交获取相交部分图形，渐变填充相交图形（图5-22）后结果如图5-23所示。

步骤4：放大显示车胎上部分，绘制并编辑新图形（图5-24）。

设置渐变填充参数（图5-25），对新图形填充后结果如图5-26所示。

使用工具箱中的交互式透明工具 ，在图形上拖拉隐藏边线（图5-27）。

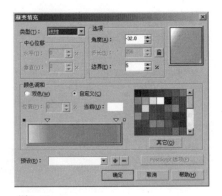

图5-22

图5-23

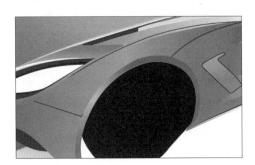

图5-24

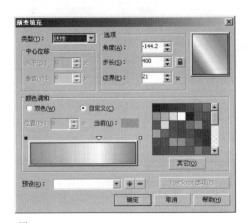

图5-25

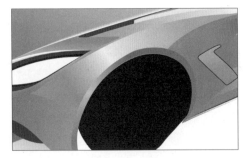

图5-26

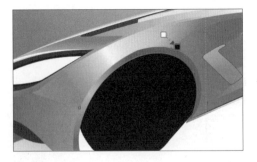

图5-27

步骤5：继续在车体的红色圈标识的几个部位绘制新图形（图5-28）。

使用工具箱中的交互式调和工具 ，在形之间拖拉表现出车体立体渐变的高光效果（图5-29）。

步骤6：在后轮前的车体部分绘制如图5-30所示图形。

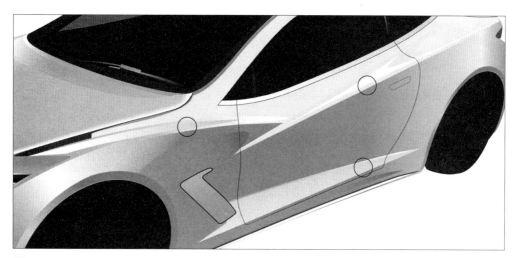

图5-28

图5-29

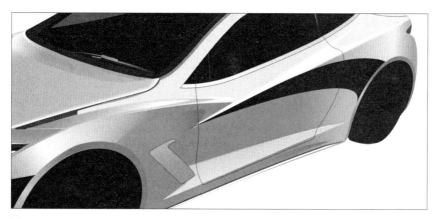

图5-30

图5-31

图5-32

图5-33

使用工具箱中的交互式阴影工具 ，从图形向外拖拉出阴影，并在属性栏中设置阴影颜色为RGB98（图5-31）。

使用排列菜单中的打散阴影群组，将生成的阴影与原图形分开后，选择原图形（图5-32）。

删除原图形，只保留阴影图像并移动放置在原图形的位置上（图5-33），完成后结果如图5-34所示。

步骤7：参考步骤5对车身部分添加浅灰色RGB220的阴影图像，表现出车体反光的效果（图5-35）。

步骤8：参考步骤5对车头部分添加深灰色RGB80的阴影图像（图5-36）。

使用位图菜单中的转换为位图，勾选透明背景，完成转换后，使用工具箱中的交互式透明工具 ，在阴影位图上拖拉产生更细腻的效果（图5-37）。

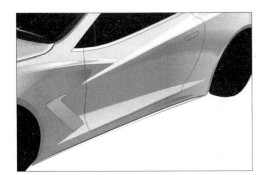

图5-34

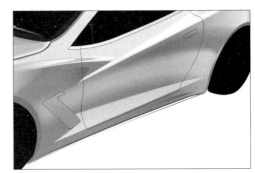

图5-35

图5-36

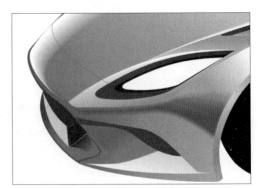

图5-37

5.1.4 表现汽车车窗的光泽质感

步骤1：配合F3键和F2键缩放显示车体左侧的车窗（图5-38），缩小并复制表现车窗的黑色图形后，渐变填充（图5-39）后结果如图5-40所示。

图5-38

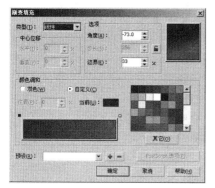

图5-39

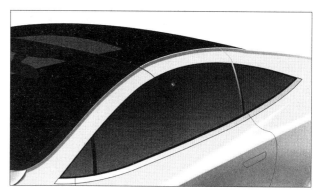

图5-40

步骤2：在前挡风玻璃和天窗处参考车体轮廓分别绘制两个自由曲
线的图形并填充白色（图5-41）。

使用工具箱中的交互式透明工具 ，在图形上分别拖拉（图
5-42）。

完成后结果如图5-43所示。

图5-41

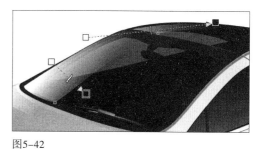

图5-42

图5-43

5.1.5 表现汽车车灯的局部细节

步骤1：放大显示车灯局部（图5-44）。

图5-44

图5-45

图5-46

图5-47

步骤2：使用工具箱中的手绘工具 🖊️，绘制一斜线，如图5-45所示向右上角移动并复制斜线。

步骤3：按下Ctrl+R键，重复移动并复制的操作（图5-46）。

步骤4：选择所有斜线后，单击效果菜单中图框精确剪裁下的放置在容器中，将出现的黑色箭头指向车灯最外侧的深灰色图形后单击确认（图5-47）。

步骤5：选择车灯最内侧的白色图形，打开工具箱中填充工具 🪣 下的底纹填充，在跳出的窗口中修改颜色设置后（图5-48），单击左下方的平铺按钮，进一步在窗口中设置旋转角度（图5-49），完成后结果如图5-50所示。

图5-49

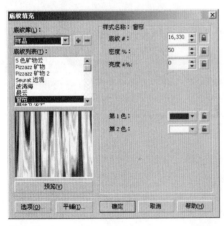

图5-48

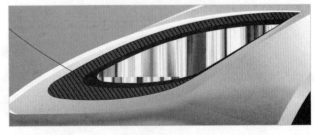

图5-50

步骤6：使用工具箱中的手绘工具 ，绘制无序的黑白线条（图 5-51），继续在车灯前转折处绘制浅灰色线条（图5-52）。

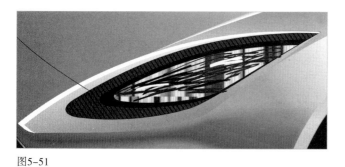

图5-51

图5-52

使用工具箱中的交互式透明工具 🍸 拖拉后表现出转折处受光的效果（图5-53）；同样编辑车灯内的无序黑白线条，完成车灯效果的表现（图5-54）。

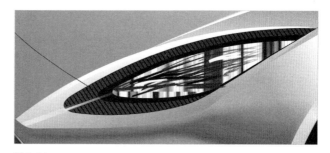

图5-53

图5-54

步骤7：配合F2键，放大显示右侧车灯（图5-55），绘制并编辑获得新图形（图5-56）。

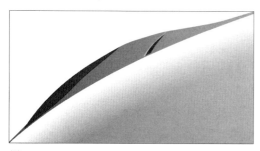

图5-55

图5-56

使用工具箱中的交互式透明工具 🍸，在属性栏中选择射线的渐变透明方式（图5-57），然后单击编辑透明度按钮（图5-58），设置从黑色到白色的透明渐变（图5-59），实现高光效果的表现（图5-60），完成后结果如图5-61所示。

图5-57

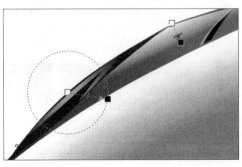

图5-58

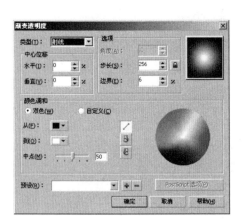

图5-59

图5-60

图5-61

5.1.6 表现汽车车头的局部细节

步骤1：通过车牌的错位移动并修剪后获取侧面的白色图形（图5-62）。

使用线形透明的方式在图形上拖拉（图5-63），完成后表现出车牌的立体质感（图5-64）。

图5-62

图5-63

图5-64

步骤2：在前雾灯区域继续绘制新图形（图5-65）。

步骤3：对新建图形分别填充不同渐变色（图5-66）。

步骤4：使用工具箱中的交互式调和工具 🖼️，在形之间拖拉产生出渐变的色彩效果，如果效果不理想可以单独选择图形进行形状编辑或调整颜色，从而获得理想的调和结果（图5-67）。

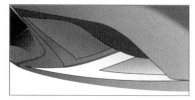  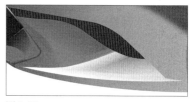

图5-65　　　　　　　　　图5-66　　　　　　　　　图5-67

步骤5：在图形立面和底面交接的地方显示出明显的直线条，过渡比较突兀。

绘制新图形，并使用工具箱中的交互式阴影工具 🔲，分别拖拉出白色和黑色阴影图像（图5-68）。

使用排列菜单中的打散阴影群组，将生成的阴影与原图形分开后，删除原图形只保留阴影图像后放置在转折线上以柔和过渡（图5-69）。

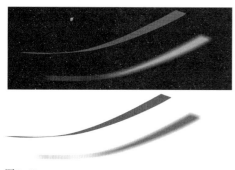

图5-68

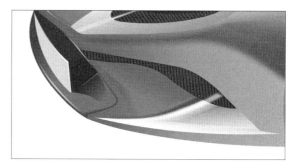

图5-69

5.1.7　表现汽车车轮的结构和细节

步骤1：配合F3和F2键，显示前车轮的图形（图5-70）。

使用工具箱中的手绘工具 ✏️ 绘制细节的侧面纹理和轮廓层次（图5-71）。

步骤2：配合Shift键，缩放圆形轮廓并右键单击复制图形，选择两个同心圆，单击属性栏中的结合按钮 🔲 获得圆环图形并填充白色。

使用工具箱中的交互式透明工具 🔲 并编辑渐变透明度窗口（图5-72），完成对圆环的质感表现（图5-73）。

步骤3：灵活使用工具箱中的手绘工具 ✏️、形状工具 🔧 和各种

图5-70

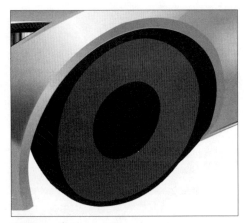

图5-71

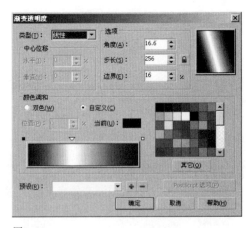

图5-72

图5-73

图5-74

编辑工具与方法完成车毂细节的表现（图5-74）。

步骤4：灵活使用工具箱中的交互式阴影工具 ，获取白色阴影
图像表现黑色橡胶轮胎的质感（图5-75）。

步骤5：参考以上步骤完成车后轮的视觉效果表现（图5-76）。

图5-75

图5-76

5.1.8　表现汽车车体线条的细节

步骤1：使用工具箱中的手绘工具 ![图标] 和形状工具 ![图标] 在车头部分绘制并编辑获得曲线（图5-77）。

步骤2：向左下方微移曲线并单击右键复制后设置轮廓线为白色（图5-78）。

步骤3：同上两个步骤，分别绘制车门前（图5-79）和车门后（图5-80）的线条细节。

步骤4：灵活运用渐变填色和交互式透明工具等编辑工具完成车体后侧细节线条的丰富表现（图5-81）。

步骤5：通过各细节的修饰完成lotus汽车的整体视觉效果表现（图5-82）。

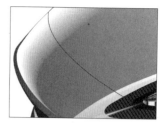

图5-77

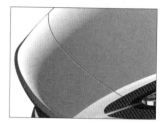

图5-78

图5-79

图5-80

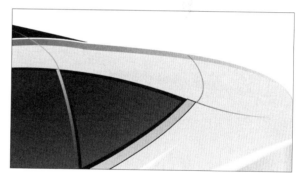

图5-81

图5-82

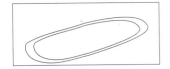

图5-83

图5-84

图5-85

5.1.9　表现汽车的背景效果

步骤1：使用工具箱中的矩形工具 ▢、手绘工具 ✏ 和形状工具 ✏ 绘制表现背景的新图形（图5-83）。

步骤2：使用工具箱中填充工具 🪣 下的渐变填充和均匀填充完成对图形的填充（图5-84）。

步骤3：使用工具箱中的交互式调和工具 🔲，完成背景中黑色投影渐变的效果（图5-85）。

步骤4：调整车体与背景的位置，最后完成结果如图5-86所示。

图5-86

5.2　Photoshop表现lotus汽车的正面效果

下面通过对lotus汽车正面效果图的表现来体现Photoshop表现产品效果的方法。

5.2.1　在CorelDRAW中完成lotus汽车轮廓的绘制

首先在CorelDRAW中完成lotus汽车的前视图的基本轮廓线形，由于汽车左右对称，所以可以只绘制一半的图形，通过复制另一半，结合后连接节点来获取完整对称的汽车轮廓。

步骤1：打开CorelDRAW，从工作区的左侧标尺处拖拉出一垂直辅助线，并勾选视图菜单下的贴齐辅助线，使用工具箱中的手绘工具 ✏，绘制如图5-87所示连续直线形，线形的起点和终点吸附在辅助线上。

步骤2：使用工具箱中的形状工具 ![形状工具]，框选所有节点后单击工作区上方属性栏中的转换直线为曲线工具 ![转换工具]，然后分别调整每个节点两端的箭头获得如图5-88所示的曲线轮廓。

步骤3：不断重复使用手绘工具 ![手绘工具] 和形状工具 ![形状工具]，绘制出细节丰富的汽车一侧的轮廓（图5-89）。

步骤4：框选所有绘制好的线形，按住Ctrl键的同时，移动到左侧并按下鼠标右键，实现图形的水平移动并复制（图5-90）。

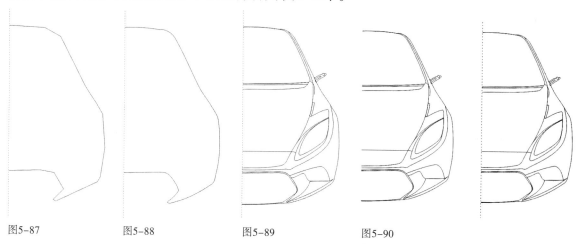

图5-87　　　　　图5-88　　　　　图5-89　　　　　图5-90

步骤5：选择复制的线形，单击属性栏中的水平镜像按钮 ![水平镜像]，将图形左右翻转，并移动贴齐辅助线（图5-91）。

步骤6：按下Shift键，分别选择需要成为一个部分的左右对称的两个线形，如图5-92中绿色表示出的外轮廓，单击属性栏中的结合按钮 ![结合]。

步骤7：使用工具箱中的形状工具 ![形状工具]，框选两侧线段的上方起点（图5-93）和下方终点（图5-94），单击属性栏中的连接两个接点按钮 ![连接]，完成左右两个独立的线段围合成封闭曲线的操作。

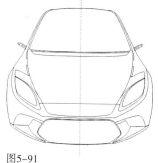

图5-91

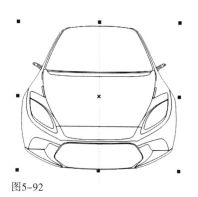

图5-92

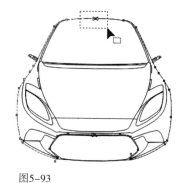

图5-93

图5-94

图5-95

步骤8：重复上边两个步骤将左右对称的开放曲线结合为封闭图形，并进一步绘制新的雨刮器轮廓线形，完成在CorelDRAW中汽车轮廓的绘制（图5-95）。

5.2.2 将CorelDRAW中的线形转换为Photoshop中的路径

步骤1：在CorelDRAW中，选择文件菜单中的另存为，选择合适的保存位置，输入文件名，并选择保存类型为AI格式（图5-96）。

步骤2：在Adobe illustrator软件中，打开刚保存的lotus.ai文件，全选所有线形，并按下Ctrl+C键，将这些矢量线形复制在剪贴板上（图5-97）。

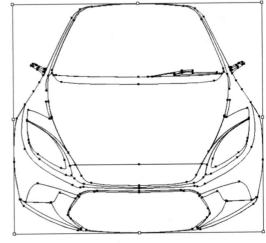

图5-97

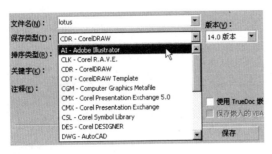

图5-96

步骤3：打开Adobe Photoshop软件，新建一个20cmX28cm的文件（图5-98）并按下Ctrl+V键，在跳出的窗口中选择粘贴为路径（图5-99）；结果如图5-100所示，实现CorelDRAW中的矢量线形转换为Photoshop中的矢量路径的操作。

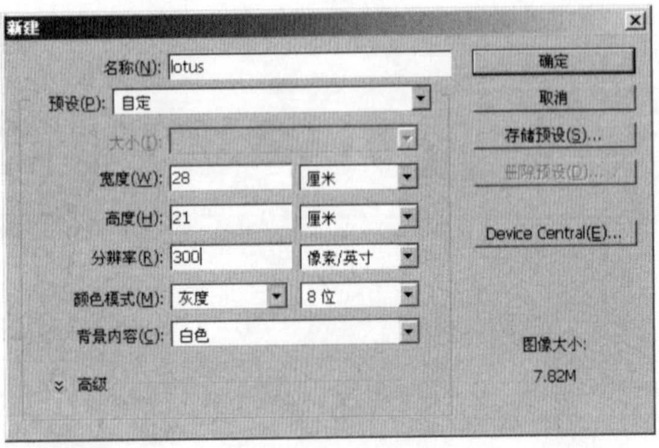

图5-98

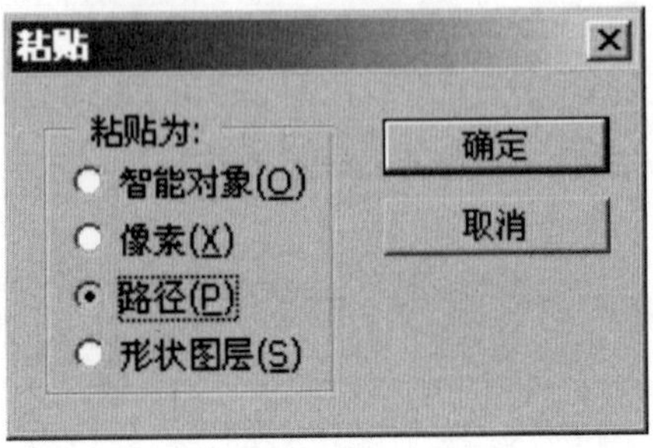

图5-99

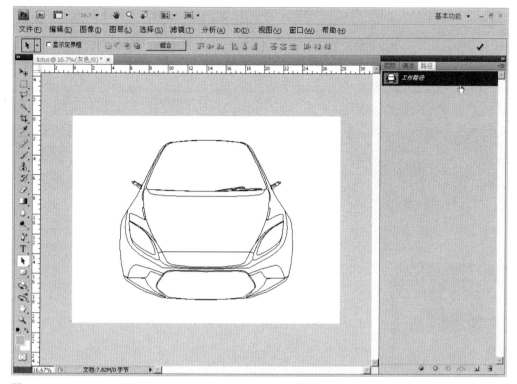

图5-100

5.2.3 在Photoshop中完成基本上色

步骤1：选择工具箱中的路径选择工具 ，单击从而选择工作路径的外轮廓（图5-101）。

步骤2：单击路径窗口下的将路径作为选区载入（图5-102），将选择的路径转换为选区，并在窗口中空白区域单击鼠标释放对路径的选择（图5-103）。

步骤3：选择进入图层面板，单击窗口右下方的创建新图层按钮（图5-104）。这个步骤是在Photoshop过程中重要的一个操作，分别对汽车的不同部位在不同图层上填色，有十分有助于后期的修改和编辑。

步骤4：设置前景色RGB数值为198（图5-105），按下Alt+Delete键，实现前景色对当前选区的填充（图5-106）。

步骤5：重复步骤1~3，然后选择工具箱中的渐变填充工具填充 ，单击属性栏中的点按可编辑渐变区域（图5-107），在跳出的窗口中实现三个色标从左到右RGB数值分别为220、198和180（图5-108），实现如图5-109所示在新图层上的渐变填充。

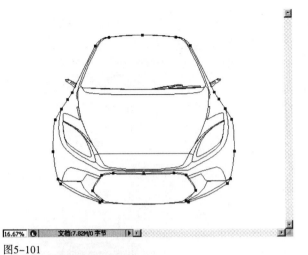

图5-101

图5-102

图5-103

图5-104

图5-105

图5-107

图5-108

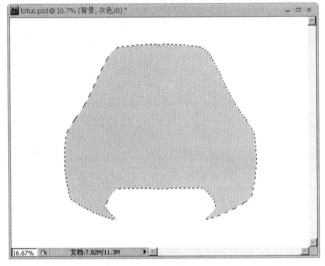

图5-106

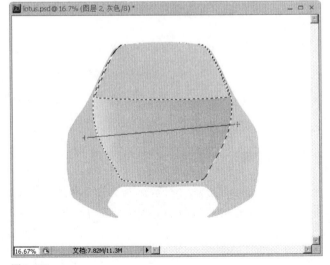

图5-109

步骤6：重复以上的步骤，通过设置不同的前景色和背景色，分别选择不同的路径并转换为选区后，在新建图层上完成对车体其他部分的单色或渐变填充，实现车体初步上色效果，结果如图5-110所示，数值表示各个区域或关键色标的RGB数值。

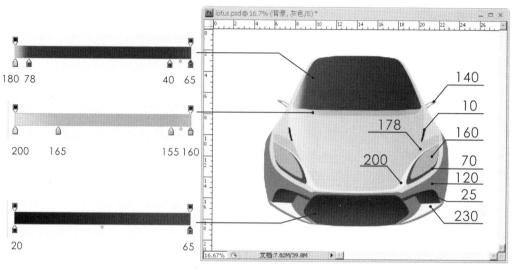

图5-110

为方便下个阶段对细节的修饰以表现车体的质感，在完成初步上色的同时，也需要充分管理好图层，通过图层窗口右下角的创建新组按钮　，将同一区域或类别的图层放入。

通过双击图层名或图层组名，将名称改为容易识别的名字（图5-111），为今后选择图层和管理图层打下便捷操作的基础。

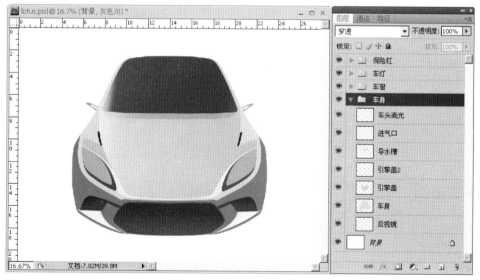

图5-111

5.2.4 在Photoshop中表现车头保险杠部分的立体效果

步骤1：展开保险杠的图层组，按下Ctrl键，单击前保险杠图层（图5-112），获取该图层图像的选区范围（图5-113）。

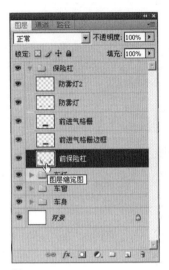

图5-112

图5-113

步骤2：按下Ctrl+H键，隐藏选区的滚动蚂蚁线框。

设置前景色为RGB220，然后单击工具箱中的画笔工具 ，选择窗口菜单中的画笔，在调出的窗口中设置画笔的参数如图5-114所示。

分别从位置点1到位置点2实现拖拉涂抹效果，表现这部分的凸起受光的立体效果，以同样的方法对左侧保险杠完成画笔的涂抹（图5-115）。

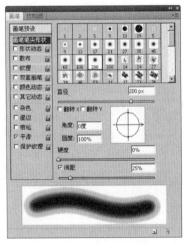

图5-114

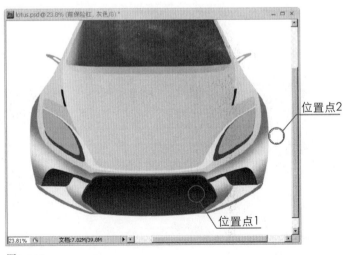

图5-115

步骤3：使用工具箱中的减淡工具 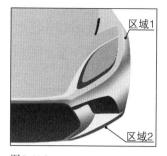 将区域1的色彩调亮。

使用工具箱中的加深工具 🖐 将区域2的色彩调暗（图5-116）。

调整的过程中，可以直接使用键盘上的"［"和"］"键来控制画笔的粗细，从而改变色彩明暗变化的影响区域的大小。

步骤4：再次按下Ctrl+H键，显示出隐藏的选区滚动线框。

打开通道窗口，单击窗口右下方的将选区存储为通道按钮，获得Alpha 1通道（图5-117）；单击Alpha 1通道（图5-118），文件显示当前通道画面（图5-119）。

图5-116

图5-117

图5-118

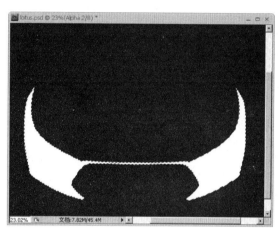

图5-119

步骤5：使用工具箱中的放大工具 🔍 框选显示右侧部分（如图5-120）。

单击工具箱中的魔棒工具 🪄 后向右移动选区（图5-121）。

设置选择菜单中修改下的羽化数值为20像素，设置背景色为黑色，按下Del键实现黑色填充（图5-122）。

图5-120

图5-121

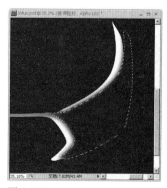

图5-122

步骤6：双击工具箱中的抓手工具 ，观察当前通道的完整效果（图5-123）。

使用工具箱中的橡皮擦工具 ，擦除多余的部分，保留局部（图5-124）。

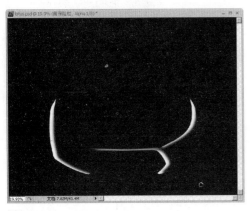

图5-123

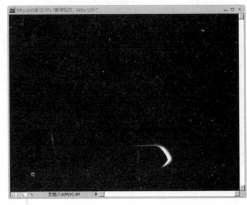

图5-124

步骤7：单击路径窗口右下方的将通道作为选区载入按钮（图5-125），将当前通道转换为选区范围。

进入图层窗口，单击激活前保险杠图层（图5-126）。

按下Ctrl+Delete键，用背景黑色填充当前选区（图5-127）。

图5-125

图5-126

图5-127

步骤8：使用工具箱中钢笔工具 下的钢笔工具和添加锚点工具，绘制并编辑如图5-128所示的路径。

将路径转换为选区，并新建图层，按下Alt+Delete键，用前景色RGB220填充当前选区（图5-129）。

图5-128

图5-129

按下Ctrl+D键，释放选区，点击滤镜菜单中模糊下的高斯模糊，设置模糊数值（图5-130），完成高光的效果表现（图5-131）。

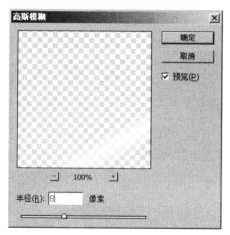

图5-130

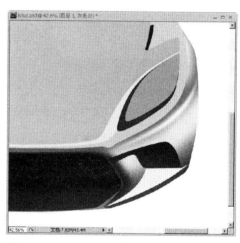

图5-131

步骤9：灵活采用通道获得细节部分的选区范围，并且通过工具箱中的填充工具、加深和减淡工具或图像菜单中调整下的亮度和对比度来修饰车头保险杠的边缘反光细节（图5-132）。

步骤10：选择表现雾灯的黑色区域所在的图层，同步骤1获取该部分选区，使用工具箱中的减淡工具 🔍，参考其他部分的效果将部分区域调亮（图5-133）。

步骤11：新建图层，选择编辑菜单中的描边，在窗口中设置向外4个像素、颜色为RGB100的描边（图5-134）。

步骤12：使用工具箱中的加深工具 ⚫，调整新图层中雾灯描边

图5-132

图5-133

图5-134

的左端，使用橡皮擦工具 ，调整画笔的大小并擦除雾灯描边的下端（图5-135）。

步骤13：同步骤11实现新图层中白色的描边（图5-136）。

步骤14：使用橡皮擦工具 ，只保留右侧的局部，表现出高光（图5-137）。

图5-135

图5-136

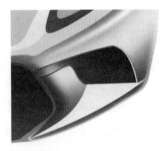

图5-137

步骤15：选择雾灯下方图像所在的图层，继续使用橡皮擦工具 ，调整画笔的大小擦除左侧生硬的边线（图5-138）和中间的区域（图5-139）。

新建图层，使用画笔工具，设置画笔大小在60像素到100像素之间，使用黑色填充并柔化雾灯左下方的区域（图5-140）。

步骤16：同上的步骤和方法表现车头保险杠的左侧，由于前面的

图5-138　　　　　　　　图5-139　　　　　　　　图5-140

许多步骤都是新建图层进行填充，所以也可以直接复制这些图层，使用编辑菜单中变换下的水平翻转来直接获取，完成后如图5-141所示。

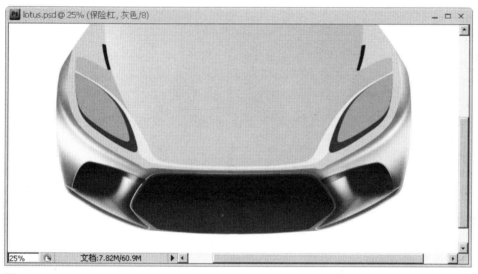

图5-141

5.2.5　在Photoshop中表现车身的立体效果

步骤1：在车身图层组中选择车头高光部分所在的图层，选择滤镜菜单模糊下的高斯模糊，设置模糊半径（图5-142）。

然后使用图像菜单中调整下的亮度/对比度，调节亮度数值（图5-143），使这个区域更加明亮（图5-144）。

步骤2：使用工具箱中的橡皮擦工具 ，调整画笔的大小后，擦除高光的部分区域，使高光更具有层次感（图5-145）。

步骤3：车身主体的引擎盖分为两个部分，对于占大面积的引擎盖只需要使用滤镜菜单模糊下的高斯模糊，设置模糊半径为3个像素就基本完成编辑；细节的表现体现在引擎盖2图层上，按下Ctrl键后单击图层前的图层缩览框（图5-146）。

图5-142

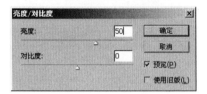

图5-143

图5-144

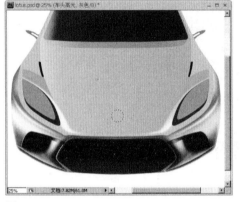

图5-145

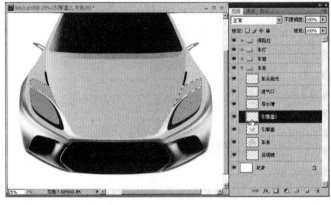

图5-146

　　步骤4：新建图层后，使用编辑菜单下的描边，使用3个像素完成黑色描边，描边前为直观观察描边的粗细和效果，可按下Ctrl+H键，隐藏选区边线（图5-147）。

　　按下Ctrl+D键，释放隐藏的选区，然后使用工具箱中的橡皮擦工具 ，擦除左侧与引擎盖主体接触部分（图5-148）。

　　以同样的方法，在新图层上完成白色描边表现的高光效果（图5-149）。

　　步骤5：同步骤2获取引擎盖2图层选区，然后选择工具箱中的魔棒工具 ，向上偏移选区（图5-150）。

　　按下Alt+Ctrl键的同时，单击引擎盖2图层前的图层缩览图，获得如图5-151所示的选区范围。

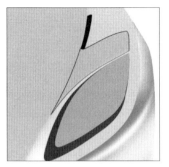

图5-147

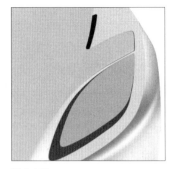

图5-148

图5-149

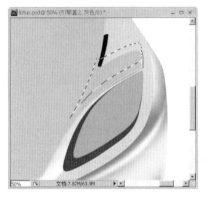

图5-150

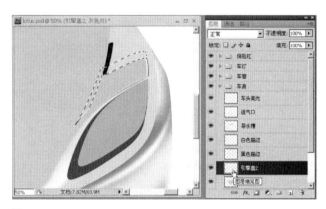

图5-151

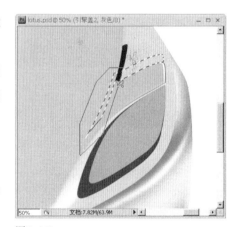

图5-152

继续使用选择工具箱中的多边形套索工具 ，按下Alt键的同时勾选左侧以去除不需要的选区范围（图5-152）。

按下Ctrl+H键，隐藏选区边线。激活车身图层，使用图像菜单中调整下的亮度/对比度，调节当前选区范围的亮度，完成这部分凹陷细节的表现（图5-153）。

步骤6：按下Ctrl键后单击车身图层前的图层缩览框，获取此图层选区。

设置前景为黑色，调节画笔大小约为175像素，硬度为0%，在合适位置涂抹以表现区域的凹陷效果（图5-154）。

调整画笔的大小、深浅，对进气口附近修饰（图5-155）。

设置前景色为白色，按下F5键，调节画笔的形状动态为渐隐（图5-156），从两侧的进气口向外拖拉涂抹分别表现出局部细节。

调节画笔的大小，提亮车灯前车体局部受光高亮的效果（图5-157）。

步骤7：激活车窗前的导水槽装饰件所在的图层，并配合Ctrl键，获得图层图像选区。

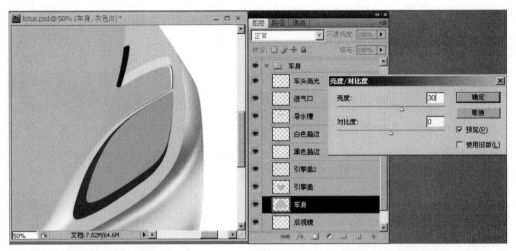

图5-153

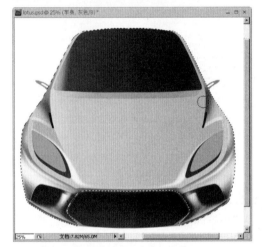

图5-154

图5-155

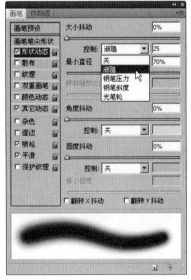

图5-156

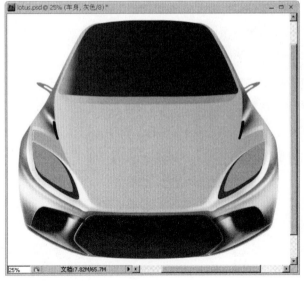

图5-157

使用选择菜单下的变换选区，水平移动控制点以加宽选区范围（图5-158）。

图5-158

步骤8：按下Alt+Ctrl键的同时，单击导水槽图层前的图层缩览图（图5-159）；为该选区范围填充深灰色。

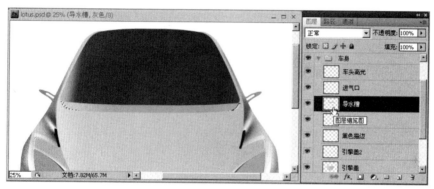

图5-159

步骤9：再次配合Ctrl键，获得导水槽图层图像选区（图5-160）。

选择工具箱中的魔棒工具　，向下偏移选区（图5-161）。

使用选择菜单下的反向，并按下Ctrl+H键，隐藏选区边线；使用图像菜单中调整下的亮度/对比度，调节亮度获得导水槽上部细节的表现（图5-162）。

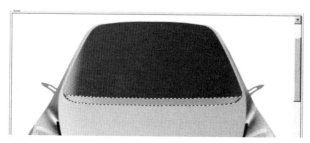

图5-160

图5-161   图5-162

5.2.6 在Photoshop中表现车窗的细节和质感

步骤1：激活在车窗文件夹中的车窗图层，配合Ctrl键，单击图层前的图层缩览图，获取黑色车窗部分的选区范围（图5-163）。

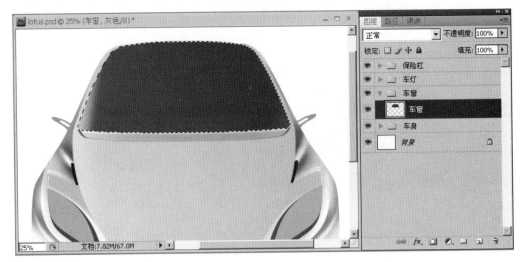

图5-163

步骤2：使用编辑菜单下的描边，分别在新的图层中对当前选区实现5个像素的黑色描边和白色描边。

使用工具箱中的橡皮擦工具 ，分别对两个图层擦除，使黑色描边保留左侧描边，白色描边图层主要保留右侧描边图像，结果如图5-164所示。

步骤3：使用工具箱中的钢笔工具 下的钢笔工具和添加锚点工具，绘制并编辑如图5-165所示的路径。按下Ctrl+Enter键，将路径转换为选区（图5-166）。

步骤4：继续按下Ctrl+Alt+Shift键，单击车窗图层前的图层缩览图，获得如图5-167所示的选区范围。

步骤5：新建图层，对当前选区范围填充RGB25的深灰色，并使用工具箱中的橡皮擦工具 ，擦除以调亮该区域右侧部分

图5-164

图5-165

图5-166

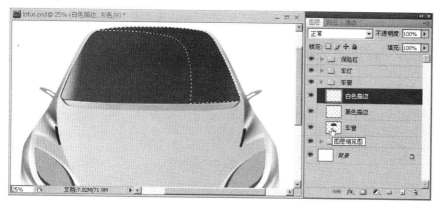

图5-167

（图5-168）。

步骤6：继续新建图层，重复步骤1获取选区，设置前景色为白色，使用工具箱中的画笔工具 ✏️，在属性栏中设置画笔的不透明度为30%，在选区上方左右快速涂抹，结果如图5-169所示。

图5-168

图5-169

步骤7：配合车窗质感的表现，对车身进行相似的操作。同步骤3和4的方法，在车身引擎盖图层上获取选区范围如图5-170所示，并在引擎盖图层上新建车身质感图层。

图5-170

步骤8：选择工具箱中的渐变填充工具 ▣，单击属性栏中的点按可编辑填充区域（图5-171）。

图5-171

在调出的窗口中设置左侧色标为不透明度100%，颜色为RGB115；右侧色标为不透明度0%，颜色为RGB220（图5-172）。

然后在新图层上，从选区左上角向右下角拖拉，获得如图5-173所示的效果。

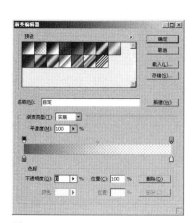

图5-172

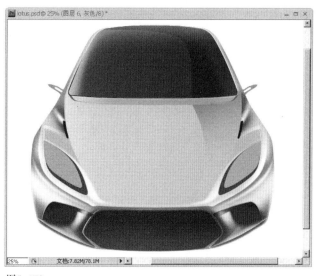

图5-173

5.2.7 在Photoshop中表现车灯部分的细节

车灯图层组中包含车灯内和车灯外两个图层，分别表示车灯的内外细节（图5-174）。

步骤1：按下Ctrl键，单击车灯外图层前的图层缩览图（图5-175）。

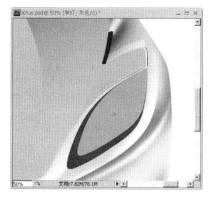

图5-174

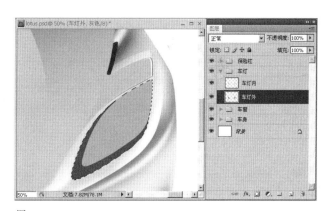

图5-175

在车灯外图层上新建黑色描边和白色描边图层，并分别使用编辑菜单下的描边完成黑色和白色的4个像素左右的描边。

释放选区，然后使用工具箱中的橡皮擦工具分别错位擦除两图层中的部分描边（图5-176）。

步骤2：同步骤1，对车灯内图层之上的两个新建描边图层进行描边和编辑（图5-177）。

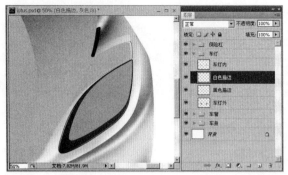

图5-176

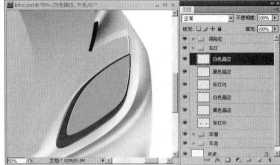

图5-177

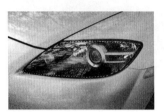

图5-178

步骤3：打开一张汽车照片，并用工具箱中的多边形套索工具 获取车灯部分选区，按下Ctrl+C键，复制此选区部分图像（图5-178）。

步骤4：重新进入lotus.psd文件中，按下Ctrl+V键，粘贴图像。按下Ctrl+T键，旋转并缩放图像到合适位置后回车确认（图5-179）。

步骤5：使用滤镜菜单中模糊下的动感模糊，对图像进一步编辑（图5-180）。

使用图像菜单中调整下的亮度/对比度，调节图像的亮度和对比度（图5-181），完成后结果如图5-182所示。

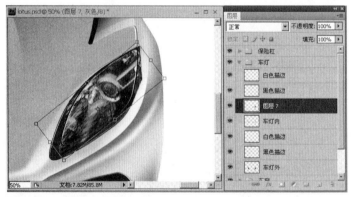

图5-179

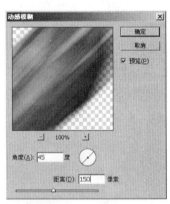

图5-180

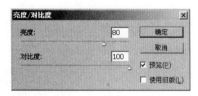

图5-181

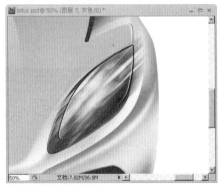

图5-182

步骤6：保持当前工作图层不变，配合Ctrl键，单击车灯外图层前的图层缩览图，然后单击选择菜单下的反向，将选区反选后按下Delete键，删除模糊图像超出车灯范围的多余部分（图5-183）。

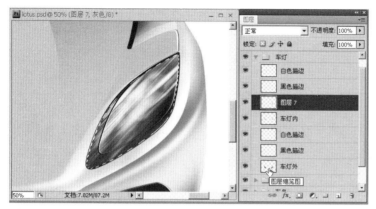

图5-183

步骤7：按下Ctrl键，单击车灯外图层前的图层缩览图，然后按下Ctrl+Alt键，单击车灯内图层前的图层缩览图，获取如图5-185所示缩使选区范围。

使用图像菜单中调整下的亮度/对比度，降低图像的亮度（图5-184）。

最后用工具箱中的画笔工具绘制左下方的细节高光，结果如图5-185所示。

步骤8：复制此图层并配合Shift键水平移动图像，使用编辑菜单下的变换中的水平翻转完成左侧车灯图像的表现（图5-186）。

图5-184

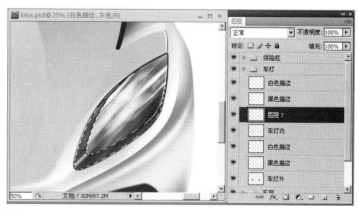

图5-185

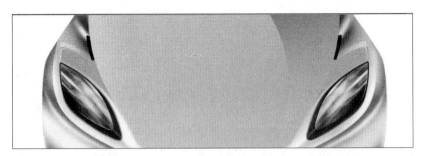

图5-186

5.2.8 在Photoshop中表现细节和背景

步骤1：新建图层，使用工具箱中的钢笔工具 ✑ 绘制路径，设置前景色为黑色，并单击路径窗口下方的用画笔描边路径按钮，表现局部的细节线条（图5-187）。

步骤2：同步骤1，绘制车窗上方的线条；粘贴车标到车头合适位置。

使用工具箱中的画笔工具 ✐ 在背景图层上涂抹，通过修改属性栏中画笔的大小和透明度完成背景的绘制，如图5-188所示。

图5-187

图5-188